道 / 编著

INNOVATION
CUSTOMER
DESIGN
CONTENTS
GLOBAL
BUSINESS

人生
并非只有
一条路

如果你感觉自己的人生充满荆棘，不妨换一种活法试试！

中国华侨出版社

图书在版编目(CIP)数据

人生并非只有一条路/方道编著.—北京:中国华侨出版社,
2012.5
ISBN 978-7-5113-2121-3

Ⅰ.①人… Ⅱ.①方… Ⅲ.①人生哲学—通俗读物
Ⅳ.①B821-49

中国版本图书馆 CIP 数据核字(2012)第 050473 号

● 人生并非只有一条路

编　　著/方　道
责任编辑/尹　影
经　　销/新华书店
开　　本/710×1000 毫米　1/16　印张 15　字数 200 千字
印　　数/5001-10000
印　　刷/北京一鑫印务有限责任公司
版　　次/2013 年 5 月第 2 版　2018 年 3 月第 2 次印刷
书　　号/ISBN 978-7-5113-2121-3
定　　价/29.80 元

中国华侨出版社　北京市朝阳区静安里 26 号通成达大厦 3 层　邮编 100028
法律顾问:陈鹰律师事务所
编辑部:(010)64443056　　64443979
发行部:(010)64443051　　传真:64439708
网　　址:www.oveaschin.com
e-mail:oveaschin@sina.com

前言

其实，我们的人生不过是一系列选择的过程，从你早上睁开眼考虑吃什么早餐、穿什么样的衣服上班那一刻起，你就在不停地作着选择。

可以说，选择决定着我们的命运，作对了一个选择了，又作对了一个选择……不断作出正确的选择，你所得到的结果便是幸福与成功；一个选择错了，又一个选择错了，如此下去，你所面临的必将是痛苦与失败。因此，若想收获一个幸福、快乐、成功的人生，我们就必须减少犯错的概率与风险，这就要求你必须首先明确自己想要的是什么，并以此来作出选择，这又是一个选择。

毫无疑问，人生路上，岔道很多，选择也很多。如果你感觉自己的人生充满荆棘，不妨换一种活法试试，你不能一条道走到黑。或许"变"则"通"，换一种心态、换一种想法、调转一下思维，你的路就会好走很多。问题的关键在于，你能不能选择一条正确的路来走。

当你所从事的事情陷入僵局、山重水复疑无路之时，你是按部就班、一成不变、一钻到底；还是转换思维、另谋他法？

当你被苦难团团包围之时，你是逆来顺受、不再挣扎，还是将其当做一种洗礼，沐浴着苦难，昂首微笑？

当你的内心燃起仇怨之火，你是以牙还牙，竭尽所能地去报复，还是慢慢平息心中的怒火，宽恕别人的"罪行"？

当烦恼无穷无尽地袭来，你是怨天尤人、自怨自艾，还是平静地面对，用一颗释然的心去品味人生？

在纷繁迷乱的人生万花筒中，你是处处计较、处处精打细算，还是守拙若愚，该糊涂时便糊涂？

在与人的相处之中，你认为"索取"与"给予"，哪一个才能让你有所获得？

若爱未瓜熟便已蒂落，你是相信"一生只应爱一人"，从此念念不忘、不见笑容，还是甩甩头，果断地给自己另一片天空？

在物质面前，你是会为钱生，为钱死，为钱辛劳一辈子，还是寡淡物欲，穷亦如茶，苦中散发着一缕清香？

在虚幻重重、负累不轻的红尘之中，你是否会迷失本性地随波逐流，背负着大量包袱不肯驻足，还是会保持自然的生活方式，还自己一个真实？

……

当然，这一切都由你来抉择，只是你必然会看到不一样的结果。

是的，你必须明白，人生中的任何结果都是自己的选择。你究竟是要成功还是要失败？是要快乐还是要悲伤？要金钱还是要情趣？……一旦做出选择，你的人生就会开始改变。

Contents 目录

一　穷途绝非末路，你可以选择变通

已有的观念往往影响我们思考问题时的倾向性，可以在解决一般问题的时候起到"驾轻就熟"的积极作用，但是很多时候它是一种障碍、一种束缚。所以，如果我们想让自己更成功，就要摆脱固定的思维模式，不断提出解决问题的新观念，如此你会发现一切皆有可能。

做人行事要懂得变通 ……………………………………… /2
不要放弃改变 ……………………………………………… /4
直路走不通就走弯路 ……………………………………… /6
跳出思维定式 ……………………………………………… /8
换个思路就会寻得出路 …………………………………… /11
灵机一动，化废为宝 ……………………………………… /13
反其道而行能够出奇制胜 ………………………………… /16
联想思维的巨大影响 ……………………………………… /18

1

胜出于奇……………………………………………………………/21
置之死地而后生，投之亡地而后存…………………………/23

二　苦难自由它来，你可以选择从容

　　苦难并不可怕，正如俗语所云："不经一番彻骨寒，哪得梅花扑鼻香。"苦难的美丽在于它能够带给人沉思和勇气，为颓废者敲响警钟。经过苦难，人们会清醒地认识到一份责任，会建立起一份追求，因为，命运要靠自己去主宰。

人生注定有缺陷……………………………………………/28
在逆境中坚守希望…………………………………………/30
你不能选择出身，但可以选择出路………………………/34
即使地位低微，也要维护做人的尊严……………………/35
学会与痛苦共舞……………………………………………/37
英雄可以被毁灭，但不能被击败…………………………/39
心态改变，苦难就会改变…………………………………/41
学会欣赏自己………………………………………………/45
在缺憾中获得快乐…………………………………………/48

三　仇怨劳心伤神，你可以选择宽容

　　宽容别人是一种美德。常言道：忍一时风平浪静，退一步海阔天空；处世让一步为高，待人宽一分是福。宽容就是不计较别人的

过失，不计较别人的错事，对伤害过自己的人要客观正确地对待，原谅别人的过错。为什么要一门心思只想证明他人的错误，而不去想一想他人是否有合理之处？在人与人相处的过程中，总难免有所过失和私心。有的过失也许会有意无意地对你造成极大的伤害或者利益的重大损失。当遇到这种情况时，能以海一样的胸怀宽容对方，用智慧和善心化解矛盾，你将是人中豪杰。

熄灭心中仇恨的火种…………………………………/52
宽容是美的化身…………………………………………/54
宽恕别人就是宽恕自己…………………………………/57
万物因宽容而繁荣………………………………………/60
和生爱，爱则祥…………………………………………/62
以爱对恨，恨自然会消失………………………………/64
爱心如冬日的暖阳………………………………………/67
得饶人处且饶人…………………………………………/69
大肚能容，了却人间多少事……………………………/73
秉承宽容之心迈向成功…………………………………/76

四　烦恼无尽无穷，你可以选择释然

　　我们对生活有太多的抱怨，太多的疑惑，由此引发了太多的烦恼，这似乎无可避免。但是，你可以选择以一颗平静的心去面对这一切，用一颗释然的心去品味人生。有时，同一件事，不同心态的人会给人以不同的感受，换个角度去思考问题，一定会令你获益匪浅。

以积极的心态面对每一天 …………………………………… /80
心态好才能获取幸福的人生 …………………………………… /82
乐观地生活，人生将会无比的美好 …………………………… /86
不要背负多余的烦恼，给自己留点儿空白时间 ……………… /88
过去的就让他过去 ……………………………………………… /92
不要盲目地与他人比较，小人物也有自身的精彩 …………… /94
不以物喜，不以己悲 …………………………………………… /96
错过并不是一种遗憾 …………………………………………… /99
莫被内疚感"绑架" …………………………………………… /102
用心感受生活的乐趣 …………………………………………… /104
对生活要有点儿"阿Q精神" ………………………………… /106

五　精明并非智慧，你可以选择糊涂

人生是个万花筒，一个人在复杂莫测的变幻之中需要运用足够的智慧来权衡利弊，以防失手于人。但是，有时候也应以静观动、守拙若愚。这种处世的艺术其实比聪明还要胜出一筹。聪明是天赋的智慧，糊涂是后天的聪明，人贵在能集聪明与愚钝于一身，随机应变，该糊涂时且糊涂。

不必事事争个明白 ……………………………………………… /110
糊涂一点，人才会快乐 ………………………………………… /112
假糊涂是真聪明 ………………………………………………… /114
糊涂的哲学 ……………………………………………………… /117

不显不露是一种低调的行事策略 …………………………… /119
糊涂一点儿，家更和睦 ……………………………………… /121

六　获得未必要索取，你可以选择给予

　　懂得给予才有资格享受获得，所谓"送人玫瑰，手留余香"，换言之，帮助别人就是帮助自己。你想要得到什么，首先要做出相应的付出，你给予得越多，得到的也越多，你越吝啬，就越一无所有。

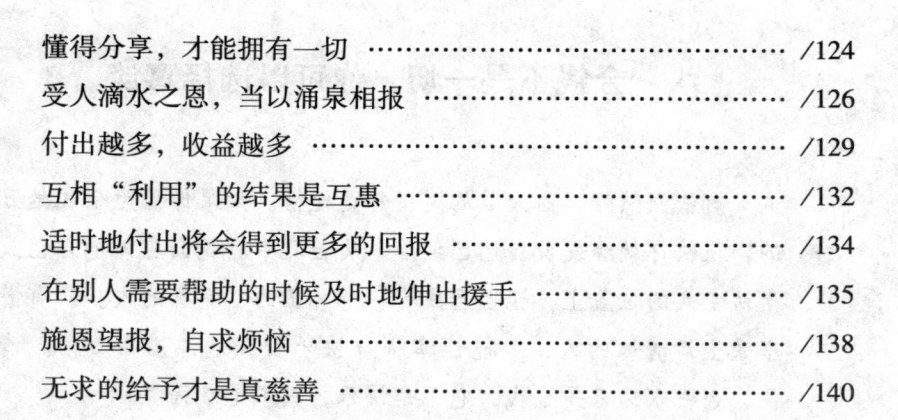

懂得分享，才能拥有一切 …………………………………… /124
受人滴水之恩，当以涌泉相报 ……………………………… /126
付出越多，收益越多 ………………………………………… /129
互相"利用"的结果是互惠 ………………………………… /132
适时地付出将会得到更多的回报 …………………………… /134
在别人需要帮助的时候及时地伸出援手 …………………… /135
施恩望报，自求烦恼 ………………………………………… /138
无求的给予才是真慈善 ……………………………………… /140

七　爱情不尽如人意，你可以选择放下

　　渴望得太多，反而会生出许多烦恼。其实，生活并不需要这些无谓的执著，没有什么是绝对割舍不了的，生命中也没有什么失去了就活不了的，爱情亦是如此，你要想生活得轻松，就得学会放

弃，拿得起，放得下，才能不为执著所苦。因为有选择就有放弃，学会放弃有时是一种解脱。

学会淡忘逝去的爱情 …………………………………… /144
不必强求不属于你的爱情 ……………………………… /146
学会舍弃错位的感情 …………………………………… /148
他（她）不值得你挂怀 ………………………………… /153
女人，请学会放手 ……………………………………… /156
可以失去爱情，但一定要留下风度 …………………… /159
重拾破碎的心 …………………………………………… /162

八　金钱不是一切，你可以选择寡淡

有钱固然好，而大量的财富却是桎梏。如果你认为金钱是万能的，很快你就会发现自己已经陷入痛苦之中。我们应该把自己放在生活主人的位置上，让自己成为一个真正的、完善的人。只有懂得享受生活情趣的人，才能让幸福与快乐长久地洋溢在心间。请记住，金钱永远只是金钱，它不是快乐，更不是幸福。

摒弃欲望，收获幸福 …………………………………… /166
不要为金钱和名利所累 ………………………………… /168
看淡名利，活出生活的本色 …………………………… /170
富甲天下，不如一朝快乐 ……………………………… /173
学会控制贪欲 …………………………………………… /175
不要抓住金钱不放 ……………………………………… /178

别让欲望毁了你的生活 ……………………………………… /181
以淡雅之心漠视名利的纷扰 …………………………………… /184

九　人生冗余太多，你可以选择简单

　　幸福与快乐源自内心的简约，简单使人宁静，宁静使人快乐。人心随着年龄、阅历的增长而越来越复杂，但生活其实十分简单。保持自然的生活方式，不因外在的影响而痛苦抉择，便会懂得生命简单的快乐。

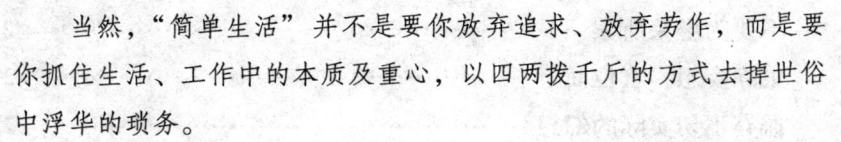

　　当然，"简单生活"并不是要你放弃追求、放弃劳作，而是要你抓住生活、工作中的本质及重心，以四两拨千斤的方式去掉世俗中浮华的琐务。

人生无须所求太多 ………………………………………………… /188
唯有淡泊才是永恒 ………………………………………………… /190
平凡的人生同样可以光彩夺目 ………………………………… /193
凡墙都是门，摒弃对生活的抱怨 ……………………………… /196
从疯狂的忙碌中解脱 …………………………………………… /198
幸福就在你身边 ………………………………………………… /201
做好人生中的"减法" …………………………………………… /204
让生活粗糙点儿 ………………………………………………… /206

十　红尘虚影重重，你可以选择真实

很多人都在尝试着为生活而改变自己，几经岁月却发现，变来变去始终跟不上世界的变化，因而自己便会觉得很迷茫。其实，一味地迎合反而会使自己很痛苦，坚持自己的本性，还原真实的自我，你将得到前所未有的快乐。

恢复真我的本性 …………………………………… /210
不要为虚荣所累 …………………………………… /212
去除妄想，素位而行 ……………………………… /214
摒弃不切实际的幻想 ……………………………… /216
不要活在别人的价值观里 ………………………… /218
承认自己的价值 …………………………………… /219
幸福源于真实 ……………………………………… /223
依本性去做，自是无错 …………………………… /225

一
穷途绝非末路，你可以选择变通

已有的观念往往影响我们思考问题时的倾向性，可以在解决一般问题的时候起到"驾轻就熟"的积极作用，但是很多时候它是一种障碍、一种束缚。所以，如果我们想让自己更成功，就要摆脱固定的思维模式，不断提出解决问题的新观念，如此你会发现一切皆有可能。

◇ 做人行事要懂得变通

什么是路？路就是从没路的地方踏出来的，从只有荆棘的地方开辟出来的。做人不一定要有很多学问，但一定要学会变通。面对人生的重大选择，我们需要摆脱习惯的束缚，但要摆脱这副无形的枷锁并不容易，不仅需要你拥有超常的决心和勇气，而且需要你具备过人的眼光和胆识。

这个世界上唯一不变的就是变化，变则通，通则达，特别是在竞争激烈的今天，我们更要与时俱进，随着环境不断变化。

懂得变通的人通常都具有非同寻常的思维，他们不会局限于某一个条件，而是敢于挑战旧传统，由此可能会发现突变的趋势。因此可以说，变通不是来自天生杰出的个人，而是需要以全新的思维思考世界，用特殊的思维方式发现成功的契机。

孙膑初到魏国时，魏王要考察一下他的本事。一天，魏王召集众臣，要当面考察孙膑的智谋。

魏王对孙膑说："你有办法能让我从座位上下来吗？"

庞涓出谋说："可在大王座位下边生起火来。"

魏王说："这个方法不可取。"

孙膑捻捻胡须，说道："如果大王坐在上边，我是没有办法让大王下来的。"

魏王问："那你怎么办？"

孙膑道："如果大王在下边，我就有办法让大王坐上去。"

魏王得意扬扬地说："那好，我就从座位上走下来，我倒要看看你

有什么办法能让我坐上去。"

群臣一时没有反应过来，哄笑孙膑无能，忽然，孙膑哈哈大笑起来，说道："我虽然无法让大王坐上去，却已经让大王从座位上下来了。"

这时，众人才恍然大悟，皆对孙膑的才华连连称赞。

由此可见，事情并不是一成不变的，有时事情看似无法解决，但只要换个角度、另辟蹊径，就完全可以找到突破的方法。事实上，一个人要想提升自己的竞争力，"变通"是必不可少的条件之一。科学家曾做过一个实验，很好地诠释了这一点

他们将4只猴子关在一个密闭的房间里，每天给猴子喂很少的食物，让猴子饿得吱吱叫。数天后，当实验者在房间上面的小洞放下一串香蕉时，一只饿得头晕眼花的大猴子一个箭步冲向前，可是当它还没拿到香蕉时，就被预设机关所泼出的热水烫得全身是伤，当后面3只猴子依次爬上去拿香蕉时，一样被热水烫伤，于是猴子们只好望"蕉"兴叹。

又过了几天，实验者换进一只新猴子进入房内，当新猴子的肚子饿得也想尝试爬上去吃香蕉时，立刻被其他3只猴子制止，并告知有危险，千万不可尝试。实验者再换一只猴子进入，当这只猴子想吃香蕉时，有趣的事情发生了，这次不但剩下的两只老猴制止了它，连没被烫过的半新猴子也极力阻止它。

实验继续，当所有的猴子都已换过之后，仍没有一只猴子敢去碰香蕉。上面的热水机关虽然取消了，而热水浇注的"组织惯性"束缚着进入笼子的每一只猴子，使它们对唾手可得的盘中美餐香蕉奉若神明，谁也不敢前去享用。

这就是群体惯性形成的过程。在变幻莫测的社会环境中，一个人要想赢得竞争优势，就必须学会随着时代发展的变化而迅速调整，否则只

能像故事中的猴子那样，在昨天的教训上白白失掉明天的机会。

然而，很多人依旧固守着昨日的经验不放，不思变通，一条道走到黑，结果由于一成不变，昔日的经验逐渐蜕变为束缚自己的惯性，成为个人发展道路上的羁绊。

其实在这个世界上，从来没有绝对的失败，有时候只要调整一下思路、转换一个视角，失败就会变成成功。一个聪明的人不会总在一个层面做固定思考，他们知道很多事情都是多面体，因此，如果你在一个方向碰了壁也不要紧，换个角度你就会走向成功。

◆ 不要放弃改变

那些过分执迷于自己的能力和判断、固守教条的人，最后往往难逃厄运。人类的生存环境变得越来越不可预期、不可想象、不可理解，生活中的"老顽固"随时都有可能撞上走不出去的"鬼打墙"。

进入21世纪以后，人们提及最多的词语就是"变通"。的确，世界在变，一切都要跟着变。新世纪是知识经济的世纪，是一日千里的信息时代。在大时代背景下，生存竞争愈演愈烈，一个人如果想在新世纪立足，就必须拥有变通精神，否则等待他的必将是淘汰与死亡。

一个小孩在看完马戏团的精彩表演后，随父亲到帐篷外拿干草喂表演结束的明星马匹。

这时，小孩注意到一旁的大象群，便问父亲："爸爸，大象那么有力，为什么它们的脚上只系着一条细细的铁链，难道它们无法挣开那条铁链逃脱吗？"

父亲笑了笑，耐心地为孩子解释："没错，大象挣不开那条细细的

铁链。在大象还小的时候，训练师就是用这样的铁链来系住小象，那时候的小象力气还不够大，小象起初也想挣开铁链的束缚，可是试过几次之后，知道自己的力气不足以挣开铁链，就放弃了挣脱的念头。等小象长成大象后，便甘受那条铁链的限制，再也不想逃脱了。"

正当父亲解说之际，马戏团失火了，大火顺着草料、帐篷等蔓延，燃烧得十分迅速，很快便蔓延到了动物的休息区。动物们受火势所逼，十分焦躁不安，而大象更是频频跺脚，但仍然挣不开脚上的铁链。

猛烈的火势渐渐接近大象，只见一头大象即将被火烧着，它在灼痛之时猛然一抬脚，竟轻松地将脚上的铁链挣断，迅速奔逃至安全的地带。

其他的大象中有一两只见同伴挣断铁链逃脱，立刻模仿它的举动，也用力挣断铁链逃生了。但其余的大象却不肯去尝试，只知不断地转圈跺脚，最终无一幸存。

生活中，很多人就是无法挣脱旧俗的束缚，或许你必须耐心静候生命中的一场大火，逼着你非得选择挣断铁链或甘心遭受大火焚烧。也许你会幸运地选择前者，在挣脱困境之后语重心长地告诫后人，一个人必须经历苦难的磨炼才能得以成长。

殊不知，你还有另一种选择，那就是你不必等到大火降临，你可以当机立断，拿得起，放得下，运用自己内在的毅力立即挣开消极习惯的捆绑，改变自己所处的环境，积极投入到另一个崭新的领域中，使自己的潜能得到充分发挥。

如果你是大象，你是静待生命中的大火，甚至甘心遭受它的侵袭、甘愿低头认命，还是立即在心境上挣开环境的束缚，获得追求成功的自由呢？不能转变心态的人便不能挣脱心理的枷锁，不能摆脱固有的生活模式，即使生活在天堂中，仍然可能有生活在地狱的感觉。

美国著名管理大师彼得·杜拉克曾经说过："不创新，就死亡！"所

谓创新，就是一种有建设性的变通。近年来，宣布企业破产的老总比比皆是，原因也是各种各样，其中很重要的一条就是不懂创新。

竞争对人而言基本上是平等的。社会环境宛如一条不断流淌的河流，时时都在动、都在变化，眼前的成功只是暂时的，任何成功的经验都不是一成不变的，你要想时刻处于成功的位置，就必须不停地否定自己，时刻督促自己进行变化、进行创新，否则后果将不堪设想。

◇ 直路走不通就走弯路

懂得绕道而行的人，往往是最先到达目的地的人，因为他们善于想人所未想，做人所未做，在他们的眼力之外能看到另外一条路。这种极具智慧的做法，并不是随大流做人做事的人所能做到的。

世间的路分为直路和弯路两种，毫无疑问，人们都愿意走直路，因为直路平坦，离目标又近；相反，没有人愿意去走弯路，因为弯路曲折艰险。但很多时候直路未必好走，绕道而行、迂回前进却可以让你更快速地到达目的地。

譬如我们打车去机场，为了赶时间，我们往往会要求司机尽快赶到飞机场，有时，司机会问我们："先生，您是要走最近的路还是最快的路？"这时我们或许会被弄糊涂："最近的路不就是最快的路吗？"司机会摇摇头，然后告诉你，"不，最近的是直路，但常常会堵车，弯路虽然远点，却可以最快到达飞机场。"

有这样一个故事。

一位留学法国的计算机博士毕业后在法国找工作，结果接连碰壁，许多家公司都将这位博士拒之门外。他拥有这样高的学历、这样吃香的

专业，为什么找不到一份工作呢？万般无奈之下，这位博士决定换一种方法试试。

他收起了所有的学位证明，以一种最低的身份去求职，不久他就被一家电脑公司录用，做一名最基层的程序录入员。这是一份稍有学历的人都不愿去干的工作，而这位博士却干得兢兢业业、一丝不苟。没过多久，他的上司就发现了他的出众才华：他居然能看出程序中的错误，这绝非一般录入人员所能比，这时他亮出了自己的学士证明，老板于是给他调换了一个与本科毕业生对口的工作。过了一段时间，老板又发现他在新的岗位上做得游刃有余，还能提出不少有价值的建议，比一般大学生高明，这时他才亮出自己的硕士证明，于是老板又提升了他。

有了前两次的经验，老板于是更加注意观察他，发现他还是比硕士生有水平，对专业知识的广度与深度都非常人可及，就再次找他谈话，这时他才拿出博士学位证明，并叙述了自己这样做的原因，此时老板才恍然大悟，并毫不犹豫地重用了他，因为老板对他的学识、能力和敬业精神早已了解了。

人生如攀登，为了登上山顶，需要避开悬崖、避开峭壁，迂回前进，这样做似乎与原来的目标背道而行，可实际上仍然能通向山顶，而且还节省了许多时间。

绕路而行对解决一些思路堵塞通常很有效。比如当你用一种方法思考一个问题和从事一件事情，如果遇到思路被堵塞时，不妨另用他法，换个角度去思索、换种方法去重做，也许你就会茅塞顿开、豁然开朗，有种"山重水复疑无路，柳暗花明又一村"的感觉。

在一次大学生篮球锦标赛上，老对手 A 队和 B 队相遇。当比赛只剩下 5 秒钟时，A 队以两分优势领先，一般来说已稳操胜券，但是，那次锦标赛采用的是循环制，A 队必须赢球超过 5 分才能取胜，可要用仅剩下的 5 秒钟再赢 3 分绝非易事。

这时，A队的教练突然请求暂停。当时许多人认为A队大势已去，被淘汰是不可避免的，即使该队教练有回天之力也很难力挽狂澜，然而等到暂停结束，比赛继续进行时，球场上出现了一件令众人意想不到的事情，只见A队拿球的队员突然运球向自家篮下跑去，并迅速起跳投篮，球应声入网。这时，全场观众目瞪口呆，而比赛结束的时间已经到了。但是，当裁判员宣布双方打成平局需要进行加时赛时，大家才恍然大悟，A队这一出人意料之举为自己创造了一次起死回生的机会。加时赛的结果是A队赢了6分，如愿以偿地出线了。

如果A队坚持以常规打完全场比赛，是绝对无法获得真正的胜利的，而往自家篮下投球这一招颇有迂回前进之妙。在一般情况下，按常规办事并没错，但是，当常规已经不适应变化了的新情况时，就应改变思维、打破常规、善于创新、另辟蹊径。只有这样，才可能化腐朽为神奇，在近乎绝望的困境中寻找到希望，创造出新的生机，取得出人意料的胜利。

当我们在生活中遇到无路可走的情况时，回过头来绕道而行便可以找到一条新路，所以我们的生活中只有死路，没有绝路，而我们之所以往往会感到面对"绝路"，那是因为我们自己把路给走绝了，或者说我们的思路狭隘，缺乏了"绕道"的意识。

◆ 跳出思维定式

思维定式使我们机械地套用以往的经验，受到经验偏见思维的影响，致使我们未能对经验进行改造和创新。正是思维定式使我们昂首否定，而思维定式又让我们低头认错，人们总是跳不出思维定式，它甚至让一切最大胆的幻想都打上了个人经验的偏见。

思考问题时，人们总是死抱着正面进攻的方法一味蛮干，这样做虽然很多时候也能成功，却要花费你很大的力气，有时甚至会得不偿失，所以我们要跳出思维定式，采用迂回战术，运用侧向思维，采用意想不到的办法常常会轻而易举地获得成功。

诸葛亮误用马谡，致使街亭失守。孔明在西城中准备起程，等他安排妥当，司马懿引15万大军蜂拥而来。当时孔明身边别无大将，只有一班文官与5000名军士，而5000名士兵已有一半先运粮草去了，只剩2500名士兵在城中。众官听到这个消息后惊慌失措。孔明登城望之，果然尘土冲天，魏兵分两路杀来。孔明传令众将：旌旗竟皆藏匿，诸军各收城铺。打开城门，每一门用20名军士扮作百姓洒扫街道。而孔明则披鹤氅、戴纶巾，引二小童携琴一张，于城上敌楼前，凭栏而坐，焚香操琴。马司懿来到城下，见诸葛亮焚香操琴，笑容可掬，于是司马懿吓坏了，立即让后军做前军，前军做后军，急速退去。司马懿之子司马昭问：莫非诸葛亮无军，因此故作此态，父亲为何退兵？司马懿说："亮平生谨慎，不曾弄险，今大开城门，必有埋伏。我兵若进，必将中其计也。"孔明见魏军退去，抚掌而笑，众官无不骇然。诸葛亮说："司马懿料吾平生谨慎，不曾弄险，见如此模样，疑有伏兵，所以退去。吾非行险，盖因不得已而用之。我们只有2500名士兵，若弃城而去，必为之所擒。"

侧向思维的关键是能否摆脱他人常规的思维方式或习惯思维（思维定式）的束缚，换一种新的观察角度去思维，主动寻求"柳暗花明又一村"。

有这样一个故事，一人想过河，便大声问道："哪位船老大会游泳？"话音刚落，好几个船老大围了过来，只有一个没有过来，他便问那个船老大："你水性好吗？""对不起，我不会游泳！""好，我坐你的船。"为什么那个人偏选不会游泳的船老大呢？原来，他运用了侧向思

维，船老大不会游泳，必然会小心划船，比较安全。

侧向思维一般在下述两种情况下常用：第一种情况是实现目标的途径相当明确，原本有各种思维方式、思路、方法均可达到既定目标，但由于人的习惯思维，尽管原方法有优有劣，但往往总是死抱住一条路不变，在这种情况下就必须果断寻找新途径。例如要剪一块圆纸板，通常先在纸板上画出一个相应直径的圆，再用剪刀仔细剪下，花费时间较长。有人想到用圆规画圆，把圆规的笔尖改装为小刀片，则成为一个很好的切圆片的专用工具，用不同的方法解决了同一个问题，还节省了时间。第二种情况更为多用，为解决某一个问题孜孜以求、朝思暮想，但按常规方法却难以完美解决，这时不妨转换一下思路，从与自己研究无关的领域中寻找解决的方法，或者请"外行"来参谋、出点子，或许很容易就能解决问题。例如，大家比较熟悉的鲁班发明锯、莫尔斯发明电报就是这种思维的典范。

《孙子兵法》中说："先知迂直之计者胜。"所谓迂直之计，就是要懂得迂与直的侧向思维。这个谋略从表面上看是迂回曲折的道路，而实际上更有效、更迅速地为获胜创造了条件。

秦朝末年，政治腐败，群雄并起，纷纷反秦。刘邦的部队首先进入关中，攻进咸阳。势力强大的项羽进入关中后，逼迫刘邦退出关中。鸿门宴上，刘邦险些丧命。刘邦此次脱险后，只得率部队退驻汉中。为了麻痹项羽，刘邦退走时将汉中通往关中的栈道全部烧毁，表示不再返回关中。其实刘邦一天也没有忘记一定要击败项羽，争夺天下。公元前206年，已逐步强大起来的刘邦派大将军韩信出兵东征。出征之前，韩信派了许多士兵去修复已被烧毁的栈道，摆出要从原路杀回的架势。关中守军闻讯后密切注视修复栈道的进展情况，并派主力部队在这条路线各个关口、要塞加紧防范，阻拦汉军进攻。韩信"明修栈道"的行动果然奏效，由于吸引了敌军的注意力，把敌军的主力引诱到了栈道一

线，韩信立即派大军绕道到陈仓发动突然袭击，一举打败章邯，平定三秦，为刘邦统一中原迈出了决定性的一步。

一般来说，人们的常规思维方式是讲求"抢人之先"、"先发制人"、"争上制高点"，谓之抢先一步天地宽。但是如果随大流地去争去抢，往往会出现千军万马过"独木桥"的情况，所以在特定时期、特殊条件下，限于自身的实力而采用侧向思维方式，避敌锋芒，潜心默学、克己之短，取人之长，以期获得成功也不失为一条妙招。

◆ 换个思路就会寻得出路

发散式思维能使人赢得更多成功机会。

可能很多人都看过这样一则笑话：美国宇航局曾经为圆珠笔在太空不能顺畅使用而大感苦恼，并出巨资请专家研制新式品种。两年过去了，该科研项目进展缓慢。于是，宇航局向社会悬赏，征求此种"便利笔"。不料，很快来了一个小伙子，他向惊讶的官员们出示了自己的"研究成果"——一支铅笔。其实这个笑话告诉了我们一个道理：如果换个思路、换个角度看问题，你可能就会从失败迈向成功。

有一家生产牙膏的公司，其产品优良、包装精美，深受广大消费者的喜爱，每年营业额蒸蒸日上。

记录显示，该公司前10年内，每年的营业额的增长率为15%～20%，不过，随后的几年里，业绩却停滞下来，每个月都维持同样的数字，于是，公司总裁便召开全国经理级高层会议，以商讨对策。

会议中，有名年轻经理站起来对总裁说："我手中有张纸，纸上写着我的建议，若您要采用我的建议，必须另付我10万元。"

总裁听了很生气,说:"我每个月都支付你薪水,另有分红、奖励。现在叫你来开会讨论,你还另外要求我支付你 10 万元,你是不是过分了?"

"总裁先生,请别误会。若我的建议行不通,您可以将它丢弃,一分钱也不必付。"年轻的经理解释说。

"好!"总裁接过那张纸,看完后马上签了一张 10 万元支票给那名年轻的经理。

那张纸上只写了一句话:将现有的牙膏管口的直径扩大 1 毫米。

接下来,总裁马上下令更换新的包装。

试想,每天早上,每个消费者挤出比原来粗 1 毫米的牙膏,每天牙膏的消费量将增加多少呢?

这个决定使该公司随后一年的营业额增加了 25%。

当总裁要求增加产品销量时,绝大多数高级主管一定是在考虑怎样才能扩大市场份额、怎样才能把产品推广到更多地区?一些人可能连怎样在广告方面做文章都想到了,但这些老生常谈未必起得了作用,只有那名年轻的经理换了个思路——增加老顾客的消费量,这样做不是同样能达到增加销售的目的吗?而且这个方法更简单、更有效。灵活地思考对一个人的成功是非常必要的,能够从另一个角度看问题,见人之所未见,善于突破常规,这就是创新。

19 世纪 50 年代,美国西部刮起了一股淘金热,李维·施特劳斯随着淘金者来到旧金山,开办了一家专门针对淘金工人销售日用百货的小商店。一天,他看见很多淘金者用帆布搭帐篷和马车篷,就乘船购置了一大批帆布运回淘金工地出售。不料过去了很长的时间,帆布却很少有人问津,于是李维·施特劳斯十分苦恼,但他并不甘心就这样轻易失败,便一边继续销售帆布,一边积极思考对策。有一天,一位淘金工人告诉他,他们现在已不再需要帆布搭帐篷了,却需要大量的裤子,因为

矿工们穿的都是棉布裤子，很不耐磨。李维·施特劳斯顿觉眼前一亮：用帆布做帐篷卖销路不好，做成既结实又耐磨的裤子卖，说不定会大受欢迎，于是他领着那个淘金工人来到裁缝店，用帆布为他做了一条样式很别致的工装裤。那个工人穿上帆布工装裤十分高兴，逢人就谈及这条"李维氏裤子"。消息传开后，人们纷纷前来询问，李维·施特劳斯当机立断，把剩余的帆布全部做成工装裤，结果很快就被抢购一空。由此，牛仔裤诞生了，并很快风靡全世界，给李维·施特劳斯带来了巨大的财富。

很多人相信，如果失败了，就应该赶快换一个阵地再去奋斗，如果按照这种观点，李维·施特劳斯就应该把帆布锁进仓库里或廉价甩卖出去，但幸好李维·施特劳斯没有这么做，他没有放弃帆布，而是积极寻找解决问题的办法，终于从淘金工人的话里获得了启示：将帆布做成工装裤，因此获得了成功。失败与成功相隔得并不远，有时也许只有半步的距离，所以，如果遭遇到了失败，千万不要轻易认输，更不要急于走开，只要保持冷静，勇于打破思维的定式，积极寻找对策，成功一定很快就会到来。

◆ 灵机一动，化废为宝

成功者之所以能够成功，与其存在着与众不同的思维方法有莫大关系。这类人很少随波逐流，往往灵机一动就会有一个新点子。生活中，我们也需要这种在别人不注意的地方发现机会的"灵机一动"，这样才能取得令人刮目相看的成就。

鸡肋食之无味，弃之可惜，如果你有一种与众不同的思路做指南，

就可以用"鸡肋"做出"大餐"来。

　　一位父亲问儿子："1磅铜可以卖多少钱？"儿子回答说"4美元。"父亲摇了摇头："对于聪明的商人来说，1磅铜不应该只值4美元。把它做成门把手，我们可以获得40美元，做成钥匙可以卖到400美元。我的孩子，你要记住，只要你有眼光，那么废物也可以变成宝物。"这个孩子牢牢记住了父亲的话。

　　若干年后，这个孩子成为了曼哈顿的一名商人，而且是一名非常出色的商人。有一年，广场的自由女神像被拆除了，铜块、木头堆满了整个广场，谁来处理这些垃圾呢？市政厅非常头痛，这位商人听说了这件事后，主动请求处理这些垃圾，当地商人都在暗地里笑他：这么一堆垃圾有什么用呢？何况美国要求垃圾必须分类处理，一不小心就有可能触犯市规，这个傻瓜简直是自讨苦吃！

　　但过了几周后，这群商人由幸灾乐祸变成了妒恨交加，那么，那位商人究竟做了什么呢？他把铜块收集起来铸成了一个个微型的自由女神像，再用木块镶了底座，把它们当成纪念品出售，一个星期就被抢购一空，就连广场上的尘土都没有被浪费，商人把它们装进一个个小袋子里当做花盆土卖进花市，总而言之，这堆一文钱没花就得来的垃圾让商人大赚了一笔。傍晚商人给在外地疗养的父亲打了个电话："爸爸，还记得您以前告诉我1磅铜可以卖到400美元吗？""是的，我的孩子，怎么了？""爸爸，我把1磅铜卖到了4000美元。"商人说。

　　沾满尘土的碎铜和木头在大多数人看来就是垃圾，或许那些铜可以当做废品卖掉，但那些尘土和木头收拾起来很费劲，这看来实在是一笔赔本的生意。当众多商人都认为这是一堆废物和负担时，那个聪明的商人却用自己非同寻常的眼光发现了其中的商机。那位商人的非凡之处不在于他物尽其用的功力，而在于发现机会和可能性的眼光。这种眼光不是随便就能拥有的，它必然要以一种与众不同的思路做指导，而更深层

次的来源则应是一种独特的做人的智慧。

美国得克萨斯州的宾客桑斯货运公司为了扩大知名度，曾经在广告宣传上煞费苦心，但是效果不佳，因为货运这种枯燥无味的宣传内容对于娱乐第一、消费第一的美国平民百姓来说简直就是对牛弹琴。无奈之下，公司找到了新闻界的一位朋友，请他出谋划策。这位新闻人士说，广告内容的设计最好能与美国人的日常生活相关。于是，他们想到了结婚，这是普通人最感兴趣的事情之一。后来，公司与当地著名报纸协商，在一篇关于本地夫妇旅游结婚的报道的顶栏处作了这样一个广告："新婚夫妇在货车上度蜜月，相爱45万公里。"广告登出的第二天，立刻就在读者中传开了这样一个话题："谁想出来的歪主意？新婚夫妇在货车上度蜜月！""还有谁，就是那个宾客桑斯货运公司！"从此，这家公司闻名遐迩，效益斐然。

无独有偶，在美国举行的第54届总统选举中，候选人小布什与戈尔的得票数十分接近，但由于佛罗里达州的计票程序引起了双方的争议，因此导致新总统迟迟不能产生。原计划发行新千年总统纪念币的美国诺博·斐特勒公司面对总统难产的危机灵机一动，化危机为商机，利用早已准备好了的小布什与戈尔的雕版像抢先发行了4000枚银币。银币为纯银铸造，直径为3寸半，不分正反面，一面是小布什的肖像，一面是戈尔的肖像，每枚订购价为79美元。结果，短短几日，纪念银币就被订购一空，该公司利用总统难产大赚了一笔。

由此可见，有头脑的人都会从人们视为废物的东西和危险领域的地方发现机会创造价值。从理论上来说，化腐朽为神奇从来都是费力费神却成功率不高的事。然而在实际生活中，环境却为这些有勇气、有眼光把鸡肋做成大餐的人提供了丰厚的回报。也许人们会认为他们得到回报完全是由于一种不经意的灵机一动，是一种偶然的幸运。可是，这种不经意的灵机一动中究竟蕴藏了怎样的聪明和智慧呢？盲目地随大流、长

时间形成的思维习惯和心理定式束缚着人们的大脑，因此，能够换一种思路行事，不随大流做人做事，无论如何都是难能可贵的。我们倡导换一种思路，就是要解除尽可能多的人为的束缚，以期有更多的"灵机一动"。

◇ 反其道而行能够出奇制胜

反其道而行的做法是一种独特的做事方法，它既是一种创新，又是一种对常规的破坏。当然，这种"破坏"不表现在对人情和风俗习惯上，而是表现在能落实到具体事物上的常规思维上。新的思路往往能在常规事物之外找到突破口，当然也需要人的清醒判断和某种可遇不可求的机遇。

考虑问题时，不但应该放宽去想，还应该反向去想，反向思维虽然有点儿"险"，但常能出奇制胜。

反向思维是不随大流走最极端的形式，它不但不随大流，反而朝相反的方向走。这种反向思维虽然有点儿冒险，但常因独辟蹊径而获得起死回生、反败为胜的作用。

从前，有位商人和他长大成人的儿子一起出海远行。他们随身带上了满满一箱子珠宝，准备在旅途中卖掉，但是没有向任何人透露过这一秘密。一天，商人偶然听到了水手们的低声交谈。原来，他们已经发现了他们的珠宝，并且正在策划着谋害他们父子俩，以掠夺这些珠宝。

商人听了之后吓得要命，他在自己的小舱内踱来踱去，试图想出一个摆脱困境的办法。儿子问他出了什么事情，父亲于是把听到的全告诉了他。

"同他们拼了!"儿子断然道。

"不,"父亲回答说,"他们会制伏我们的!"

"那把珠宝交给他们?"

"也不行,他们会杀人灭口的。"

过了一会儿,商人怒气冲冲地冲上了甲板,"你这个笨蛋!"他冲儿子叫喊道,"你从来不听我的忠告!"

"老头子!"儿子也同样大声地说,"你说不出一句值得我听进去的话!"

当父子俩开始互相谩骂的时候,水手们好奇地聚集到周围,看着商人冲向他的小舱,拖出了他的珠宝箱。"忘恩负义的家伙!"商人尖叫道,"我宁肯死于贫困也不会让你继承我的财富!"说完这些话,他打开了珠宝箱,水手们看到这么多的珠宝时都倒吸了口凉气。而商人又冲向了栏杆,在别人阻拦他之前将他的宝物全都投入了大海。

又过了一会儿,父子俩都目不转睛地注视着那只空箱子,然后两人躺倒在一起,为他们所干的事而哭泣不止。后来,当他们单独待在小舱时,父亲说:"我们只能这样做,孩子,再没有其他的办法可以救我们的命!"

"是的,"儿子答道,"您这个法子是最好的了。"

当轮船驶进码头后,商人同他的儿子匆忙地赶到了城市的地方法官那里,他们指控了水手们的海盗行为和犯了企图谋杀罪,于是法官派人逮捕了那些水手。法官问水手们是否看到老人把他的珠宝投入了大海,水手们都一致说看到过,法官于是判决他们都有罪。法官问道:"什么人会舍弃他一生的积蓄而不顾呢?只有当他面临生命危险时才会这样去做吧?"水手们听了羞愧得表示愿意赔偿商人的珠宝,法官因此饶了他们的性命。

这个久经商场磨炼的商人的见识确实高人一筹,遇到会被人谋财害

一、穷途绝非末路,你可以选择变通

命的危险时，一般人的做法就是跟对方拼了，或者献财保命，但这位商人偏偏反其道而行：不跟对方撕破脸，反而做出一副一无所知的样子；不把财宝献给水手，反而把它们抛入大海。身陷绝地的时候，如果按常规出牌往往会招致大败，但若反其道而行，则可能会获得一线生机，故事中的父子俩便用反向思维保住了生命，又使财产失而复得。

◇ 联想思维的巨大影响

"如果人类失去想象，世界将会怎样？"联想对于人类的影响是巨大的。联想是人们根据事物之间的某种联系，由一件事物想到另一件有关事物的心理过程，是由此及彼的一种思维活动，在人类社会的各个领域都少不了它。

在英格兰，有人曾做过这样一个有趣的实验。

在一次有许多人参加的午餐上，聘请了一个有名的厨师，这名厨师做出的饭菜不说是十里飘香，也可谓有滋有味。但实验者别出心裁地对做好的饭菜进行了"颜色加工"，他将牛排制成乳白色，沙拉染成发黑的蓝色，把咖啡泡成混浊的土黄色，将芹菜制成了并不高雅的淡红色，牛奶被他弄成了血红，而豌豆则染成了黏糊糊的漆黑色。满怀喜悦的人们本来都想大饱口福，但当这些菜肴被端上桌子时，都面对这些菜肴的模样发起呆来。只见有的迟疑不前，有的怎么也不肯就座，有的狠狠心勉强吃了几口就恶心地直想呕吐。而另一桌的人又是怎样的呢？同样是这样一桌颜色奇特的午餐，却遇到了一些被蒙住眼睛的就餐者，于是这桌菜肴的命运就大大地不妙了，很快就被人们吃了个精光，人们意犹未尽、赞不绝口。

这顿午餐的"魔术师",即实验者通过上述实验证明了联想具有很强的心理作用。看见食物的人们,由于食物那异常的颜色而产生了种种奇特的联想:牛排形似肥肉,喝牛奶联想到喝猪血,吃豌豆则联想到吞食腐臭了的鱼子酱……是联想妨碍了他们的食欲。而另一桌被蒙住眼睛的客人却没有这种异样的联想而仍然食欲大增,那么,什么是联想呢?

联想思维是指由某一种事物联想到另一种事物而产生认识的心理过程,即由所感知或所思的事物、概念或现象的刺激而想到其他的与之有关的事物、概念或现象的思维过程。简单地说,联想思维就是通过思路的连接把看似"毫不相干"的事件(或事项)联系起来,从而达到新的成果的思维过程,联想思维是发散思维的重要表现形式。

联想思维最典型的例子就是"牛顿—苹果—万有引力",牛顿从自然界最常见的一个自然现象——苹果落地联想到引力,又从引力联系到质量、速度、空间距离等因素,进而推导出力学三大定律,这就是联想思维。从洗澡池池水放水时经常出现的旋涡现象能联想到地球磁场磁力线的运行方向;从豆角蔓的盘旋上升能联想到天体的运行方向;从水面上木头浮、铁块沉这个自然现象联想到浮力到造船业;从偶然看到的事物的不连续性联想到量子;从运动、质量、引力能联想到时空弯曲;从意识的作用能联想到宇宙全息,等等,都属于联想思维。

一位心理学家曾和他的朋友乔打赌说:"如果给你一个鸟笼,并挂在你房中,那么你就一定会买一只鸟。"

乔同意打赌,因此心理学家就买了一只非常漂亮的瑞士鸟笼给他,乔把鸟笼挂在起居室的桌子边,结果可想而知,当人们走进来时就问:"乔,你的鸟什么时候死了?"

乔立刻回答:"我从未养过一只鸟。"

"那么,你要一只鸟笼干吗?"人们问道。

乔无法解释。

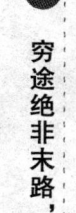

后来，只要有人来到乔的房子就会问同样的问题，乔的心情因此被搞得很烦躁，为了不再让人询问，乔干脆买了一只鸟装进了空鸟笼里。

心理学家后来说，去买一只鸟比解释为什么乔有一只鸟笼要简便得多。人们经常是首先在自己的头脑中挂上鸟笼，最后就不得不在鸟笼中装上些什么东西。

苏联心理学家哥洛万和斯塔林茨经上百次实验证明，任何两个概念词语都可以经过四五个阶段建立起联想关系。例如木头和皮球是两个风马牛不相及的概念，但可以通过联想做媒介使它们发生联系：木头—树林—田野—足球场—皮球。又如天空和茶，天空—土地—水—喝—茶，因为每个词语可以同将近10个词直接发生联想关系，那么第一步就有了10次联想的机会（即有10个词语可供选择），第二步就有了100次机会，第三步就有了1000次机会，第四步就有了10000次机会，第五步就有了100000次机会。所以联想有广泛的基础，它为我们的思维运行提供了无限广阔的天地。

苏联"卫国战争"期间，列宁格勒遭到德军的包围，经常受到敌机的轰炸。在这个紧急关头，昆虫学家施万维奇从蝴蝶五彩缤纷的花纹能迷惑人的现象中受到启迪，建议对重要目标进行迷彩伪装。这一招果然有效，大大降低了重要目标的损伤率。

在"二战"期间，德国的一位侦察兵发现法军阵地后方的一片坟地上常出现一只有规律活动的家猫。每天早晨八九点钟时，那只猫便在坟地上晒太阳，而坟地周围既没有村庄的房舍，也看不到有人活动。这位善于联想的侦察兵从空间位置的接近上联想到坟地下面可能是个掩蔽部，而且还可能是个高级机关，于是发出通知，德国用6个炮兵营集中攻击这片坟地。事后查明，坟地下面的确是法军的一个高级指挥部，掩蔽在里面的人员几乎全部丧生。

◇ 胜出于奇

俗话说知不出众知，不算高明，意思是说用众所周知的办法取胜于人，也不算有本事。你能举起一根毫毛，不能说有力气；能看见太阳和月亮，不能说有眼力；能听到轰隆的雷声，不能说耳朵比别人灵。会办事的人，总是先人而出、先人而动、出奇制胜。

我们在生活中要面对的事情很多，处理不同的事情要用不同的方法和技巧，你能不能获取成功，重要的一点是看你会不会办事，除非你本人确实是个独具天赋的艺术家或运动员，否则想不通过办事就能问鼎成功几乎是不可能的。

事情有难易之分、大小之别，有的事情和你的切身利益紧密相连就要去办，有的事情和你的关系不大则可办可不办。如果你觉得对于自己即将要办的事情无法办到，就不要打肿脸充胖子；如果你觉得对于自己即将要办的事情把握不大，就要小心谨慎、亦步亦趋；如果你觉得对于自己即将要办的事情可以办到，就要放开手脚去办，因事制宜，才能把事情办好。

要想达到办事成功的目的必须使用一点绝招，见人之所未见，行人之所未行，方可达到出奇制胜的目的。

出奇制胜需要一颗灵活的头脑。有人曾经说过，所有成功的秘密就在于对你身边的一切保持高度关注，调整自己以适应周围的环境；意识到时机与资源的宝贵。仅仅处理好事情是远远不够的，还需要在适当的时间和适当的场合去处理，出奇制胜是敏锐的洞察力以及在紧急时刻快速反应能力的综合产物。

有个商人把独生子送到耶路撒冷去读书。不久，这个商人突然病倒了，他在弥留之际立下遗嘱，把家中所有财产都转让给了长期服侍自己的贴身奴隶，不过，如果他的儿子要财产中的哪一件，奴隶须毫无条件地满足他。商人死了以后，奴隶很高兴，他披星戴月赶往耶路撒冷，找到了少主人，把老爷临死前立下的遗嘱拿给他看，商人的儿子看了以后十分伤心。

　　安葬好父亲后，儿子一直在心里盘算着自己应该怎么办。最后，他跑去找社团中一个叫保罗的朋友，向他说明了情况。保罗听了以后说："你的父亲非常聪明，而且非常爱你。"儿子不满地说："把财产全部送给奴隶的人还谈得上什么聪明，简直是愚蠢。"

　　保罗叫这位少主人多动动脑子，只要想通了父亲希望他要的东西是什么就会心满意足了。保罗告诉他："你父亲非常清楚，自己死后，身边没有一个亲人，奴隶可能会带着自己辛苦挣来的遗产逃走，说不定连招呼都不打。所以，你父亲才在你不在身边的情况下使用了这种把全部遗产保护下来的办法。"可是，商人的儿子还是无法明白，既然财产都送给了奴隶，保管得再好对他又有什么好处。

　　保罗见他死不开窍，只好实话实说："奴隶的财产全部属于主人，这你是应该知道的。你父亲不是给你留下了一样财产吗？你只要选那个奴隶就行了。这是多么精明的办法呀！"

　　这时，儿子终于明白了父亲的良苦用心。原来，父亲使用了一个权宜之计，遗嘱中所给予奴隶的一切用一个"但是"作为前提，把奴隶美好的一切都变成了泡影。这个"但是"是这个犹太商人所立遗嘱的关键。说穿了，犹太商人在立遗嘱时就设下了计谋让它无效，在立约时就准备要毁约，因为他当时面临的是"要么让步，要么彻底失去"这种无可奈何的选择，所以他只能选择让步，把全部财产让给奴隶，使奴

隶不致带着财产逃走。这种让步是他心有不甘的,把财产全部给奴隶和奴隶带着财产逃走是一回事。为了解决这个难题,聪明的犹太商人将遗嘱装进了一个自爆装置,儿子只要找到这个装置,就可以在履约的形式下取得毁约的效果。果然,在保罗的开导下,儿子真的启动了这个自爆装置,使严肃的遗嘱在形式上得到了履行,而对那个奴隶来说财产没有任何的意义。这就是出奇制胜。

我们在办事时蕴涵着很多的技巧,其中"因事制宜"和"出奇制胜"就是其中之一。智慧的商人正是利用此招数成功地保住了自己的财产,他的做法很值得我们学习和借鉴。

◇ 置之死地而后生,投之亡地而后存

人,往往到了毫无退路的境地才会集中精力向前闯出一条新路,争得属于自己的那一片天地。给自己一片没有退路的悬崖,从某种意义上说就是给自己一个向生命高地冲锋的机会。

秦始皇驾崩后,胡亥无能,赵高横行,原六国贵族见势纷纷揭竿而起,一时间战火纷飞,天下大乱。秦将章邯击破项梁率领的楚军主力以后,认为楚军元气大伤,无须加以担心,便撇下项羽,率大军北渡黄河,直取赵王赵歇。赵未做防备,一触即溃,退守巨鹿不出,章邯遣大将王离和涉间将巨鹿城团团围住。

赵军被围,苦熬不住,便遣人突出城池,四处求救。燕、齐两国援军当先赶到,却见秦军势大,为求自保,均畏畏缩缩不敢向前。楚接到求援信后急备兵马,遣宋义为上将、项羽为次将、范增为末将挥军北上救赵。

宋义是胆小怕事之辈，却用甜言蜜语骗得楚王信任，谋得兵权，根本无救赵之心。军队行至安阳（今山东省曹县东）时，宋义下令停军歇息，可一住竟是40余日，每日只管喝酒取乐。项羽屡谏无果，反遭奚落，盛怒之下"借头发令"，斩了宋义，自代上将军一职，挥军救赵。

楚军渡过漳河以后，项羽下令：所有将士饱餐一顿，每人再带足3日食粮，将饭锅砸碎，将渡船凿沉，同时烧掉所有行军帐篷。楚军将士眼见此景深知此战若不打胜，谁也别想生还故乡，因此作战时各个奋勇杀敌，以一当十，一连9次接锋，直杀得天地变色、尸横遍野、血流成河。最后，终于以少胜多大破秦军，杀了秦将苏角，虏了王离，涉间被打得走投无路，只好自焚而死，章邯带着残兵败将急忙后退，在四处无援的情况下只得向项羽举起了白旗。此一役，项羽威震楚国，名闻诸侯。"召见诸侯将，入辕门，无不膝行而前，莫敢仰视。项羽由是始为诸侯上将军，诸侯皆属焉。"

自断后路是一种勇气，更是一种成事的智慧。这不是鲁莽，是聪明。一个人如果总想着自己的后路，他就无法集中全力出击，所以很多时候自断后路就是在开辟生路。

斩断自己的后路，让自己陷入绝境中往往可以创造出奇迹。人们做事时总想着要给自己留条后路，进可攻，退可守，这是一种比较谨慎的做法，但这种做法常会导致一个人失去进取心，所以必要的时候，我们应该主动斩断自己的退路，破釜沉舟的人往往能够绝地逢生。

南京有一个年轻人大学毕业后开始求职，但由于他所学的专业实在太冷，半年过去了仍未找到工作。他的老家在一个偏远的山区，为了供他上大学，家人已经拿出了全部的钱，所以即使再没有钱，他也不好意

思再向家里伸手了。

2009年6月的一天，这个年轻人终于"弹尽粮绝"了，在一个阳光和煦的午后，年轻人在大街上漫无目的地走着，路过一家大酒楼时，他停住了，他已经记不清有多久不曾吃过一顿有酒有菜的饱饭了。酒楼里那光亮整洁的餐桌、美味可口的佳肴，还有服务小姐温和礼貌的问候令他无限向往。他的心中忽然升起一股不顾一切的勇气，于是便推开门走了进去，选一张靠窗的桌子坐下，然后从容地点菜。他简单地要了一份烧茄子和一份扬州炒饭，想了想，又要了一瓶啤酒。吃过饭后，又将剩下的酒一饮而尽，他借酒壮胆，努力做出镇定的样子对服务员说："麻烦你请经理出来一下，我有事找他谈。"

经理很快出来了，是个40多岁的中年人，年轻人开口便问："你们要雇人吗？我来打工行不行？"经理听后显然愣了："你怎么想到这里来打工呢？"他恳切地回答，"我刚才吃得很饱，我希望每天都能吃饱。我已经没有一分钱了，如果你不雇我，我就没办法还你的饭钱了。如果你可以让我来这里打工，就有机会从我的工资中扣除今天的饭钱。"

酒楼经理忍不住笑了，向服务员要来他的点菜单看了看说："你并不贪心，看来真的只是为了吃饱饭。这样吧，你先写个简历给我，看看可以给你安排一份什么样的工作。"

此后，这个年轻人开始了在这家酒楼的打工生涯，历尽磨难，他从办公室文秘做到西餐部经理，又做到酒楼副总经理。再后来，他集资开起了自己的酒楼。

置之死地而后生。遇到非常时期，人是要有点儿非常思维和非常勇气的。在最后的关头，唯有抱着破釜沉舟的决心才能绝地逢生。故事中的年轻人敢到酒楼里吃"霸王餐"，并以一种奇特的方式向经理推荐自

一 穷途绝非末路，你可以选择变通

己，这都是因为他知道自己身无分文，已经没有退路了，因此才有了这种不顾一切的勇气，可以说他的成功其实是有一点儿偶然性的，我们可能永远都碰不上这样的情况，所以有时要拿出勇气斩断后路，让自己更快地走向成功。

爱惜生命、物品和金钱是人类的天性，但如果遇到危险或困难时还受这种想法的局限，那你就会惨遭失败。"置之死地而后生，投之亡地而后存"，有时只有破釜沉舟才能有柳暗花明。

二
苦难自由它来，你可以选择从容

苦难并不可怕，正如俗语所云："不经一番彻骨寒，哪得梅花扑鼻香。"苦难的美丽在于它能够带给人沉思和勇气，为颓废者敲响警钟。经过苦难，人们会清醒地认识到一份责任，会建立起一份追求，因为，命运要靠自己去主宰。

◆ 人生注定有缺陷

在人世间，人是注定要与"缺陷"相伴而与"完美"相去甚远的，所以不完美也是一种完美，承认自己的不完美是一种豁达、成熟，更是一种智慧。

人无完人，每个人都会有一些缺陷：外貌上的、性格上的、经历上的……当一个人懂得承认自己的不完美时，他也就真正地成熟起来了。

薛女士已经35岁了，两年前丈夫不幸病故，家里人都执意让她再找一个意中人，热心的朋友也劝她早日结束独身生活。薛女士虽然也见过几个对象，但都没有成功，原因是薛女士和别人见面后，总是先把自己的缺陷和盘托出，令一些人"望而却步"，她的朋友数落她时，她却振振有词："年轻时搞对象都没有装模作样过，老了就更不用掩饰，我就是这么一个有瑕疵的女人，先让对方看清楚点儿不好吗？"后来，薛女士还真找到了一位心心相印的意中人，据说对方就是看中了薛女士毫不掩饰、勇于承认缺陷的优点，认为她难得的实在。由于薛女士事前把自己的缺陷毫无保留地告知对方，使对方"扬长避短"，两人配合默契，生活得很美满。朋友们都说，实在人有实在命，薛女士是用袒露缺陷换来的幸福。

人有缺陷并不可怕，可怕的是刻意掩饰、自欺欺人。薛女士不是这样，她在对方面前大胆袒露自己的缺陷，出自于内心的真诚和对别人的信任，她那透明的真诚理所当然地换来了对方的信赖与爱慕。把自己的缺陷袒露人前，也就同时把自己的真诚毫无保留地献给了对方。在日常生活中往往有这样的情况，越是刻意掩饰自己的缺陷，自己活得越累，

有时甚至还显得很尴尬，这是因为缺陷是客观存在的，掩饰往往会弄巧成拙。薛女士真诚袒露缺陷使对方理解她的缺陷、容纳她的缺陷，并且有意识地弥补她的缺陷，这正是他们后来生活幸福和谐的基础。

缺陷或大或小、或多或少，人人都有。然而，面对缺陷，大多数人是去掩饰。掩饰缺陷也许是人的天性，毕竟能在大庭广众之下袒露自己缺陷的人实属不多，因此袒露缺陷确实需要勇气，不仅要战胜自己的懦弱、战胜自己的虚荣，还要战胜世俗的偏见。所有这些，没有超人的勇气是根本无法做到的。

中国台湾著名画家刘墉在教国画的时候，经常发现有些学生极力掩饰自己作品上的缺点，有时画得差，干脆就不拿出来了。遇到这种情况，刘墉会对他们说："初学画者总免不了缺点，否则你们也就不必学了！这就好比去找医生看病是因为身体有不适的地方，看医生时每个病人总是尽量把自己的症状说出来，以便医生诊断。学画时交作业给老师，则是希望老师发现错误，加以指正，你们又何必掩饰自己的缺点呢？"

还有一个男人，单身了半辈子，突然在43岁那年结了婚，新娘跟他的年纪差不多，但是她以前是个歌星，曾经结过两次婚，都离了，现在也不红了。在朋友看来，觉得他挺亏的，这不是一个好的选择，因为新娘身上的瑕疵太多了。

有一天，他跟朋友出去，一边开车，一边笑道："我这个人，年轻的时候就盼望着能开宝马车，可是没钱，买不起。现在还是买不起，因此买了一辆三手车。"

他的确开的是辆老宝马车，朋友左右看看说："三手车？看来很好呀，马力也足！"

"是呀！"他大笑了起来，"旧车有什么不好？就好像我太太，之前嫁过广州人，又嫁过上海人，还在演艺圈待了20多年，大大小小的场

面见多了。现在老了，收了心，没有以前的娇气、浮华气了，却做得一手好菜，又懂得料理家务。说老实话，现在真是她最完美的时候，反而被我遇上了，我真是幸运呀！"

"你说得挺有道理的！"朋友陷入了沉思。

他拍着方向盘，继续说道："其实想想我自己，我又完美吗？我还不是千疮百孔，有过许多往事、许多荒唐事，正因为我们都走过了这些，所以两个人都变得成熟，懂得忍让、彼此珍惜，这种不完美正是一种完美啊！"

正因为这位男士能够承认自己的不完美，才不苛求爱人的完美，结果两个有瑕疵的人才能走到一起组成一个幸福的家庭。从某种意义上看，人就是生活在对与错、善与恶、完美与缺陷的现实中，我们既然能从自己非常优秀与完美的现实中受益，为什么就不能从自己的缺陷中受益呢？

因此，我们应该明白有缺陷并不是一件坏事，那些自认为自身条件已经足够好以至于无可挑剔、不必改变现状的人往往缺乏进取心，缺少超越自我、追求成功的意志；相反，承认自己的缺陷，正确认识自己的长处与短处可以使我们处在一种清醒的状态下，遇事也容易作出最理智的判断。

◇ 在逆境中坚守希望

我们都活在自己的希望当中，倘若真的有人无望地活着，那么只能是一具行尸走肉。在现实生活中，很多人的心理非常脆弱，一旦遭遇挫折或失败就会感到无助与绝望，更有甚者会丧失活下去的勇气。其实，只要我们能够在逆境中坚守希望，多半是会柳暗花明的。

世事本无常，我们随时都有可能遇到困厄和挫折。当你遇见生命中突如其来的困难时，都是怎么对待的呢？不要把自己禁锢在眼前的困苦中，将眼光放远一点儿，当你看见未来的成功远景时便能走出困境，达到你梦想的目标。

我们的人生需要选择，我们的生命需要蜕变，每当苦难来袭，面临选择和放弃，我们都要有足够的勇气改变自己，只有这样才能获得新生，才能铸就另一个辉煌。

老鹰是世界上寿命最长的鸟类，它们的寿命可达70岁。但是如果想活那么久，它们就必须在40岁时作出困难而重要的抉择。

当老鹰活到40岁时，它们的爪子开始老化，不能够牢牢地抓住猎物；它们的喙变得又长又弯，几乎能碰到它们的胸膛；它们的翅膀也会变得十分沉重，因为它们的羽毛长得又浓又厚，使它们在飞翔的时候十分吃力。在这个时候，它们是不会选择等死的，而是选择经过一个十分痛苦的过程来蜕变和更新，以便继续活下去。

这是一个漫长的过程，它们需要经过150天的漫长锤炼，而且必须努力地飞到山顶，在悬崖的顶端筑巢，然后停留在那里不再飞翔。

首先，它们要做的是用它们的喙不断地击打岩石，直到旧喙完全脱落，然后经过一个漫长的过程，静静地等候新的喙长出来。之后，还要经历更为痛苦的过程：用新长出的喙把旧指甲一根一根地拔出来，当新的指甲长出来后，它们再把旧的羽毛一根一根地拔掉，等待5个月后长出新的羽毛。这时候，老鹰才能重新开始飞翔，从此可以再度过30年的岁月。

对于老鹰来说，这无疑是一段痛苦的经历，但正是因为不愿在安逸中死去，正是对30年新生岁月的向往，正是对脱胎换骨后得以重新翱翔于天际的憧憬，燃起了它们对新生活的渴望和改变自己的决心。要想延长自己的生命，获得重生的机会，它们选择了经受几个月的痛苦。我

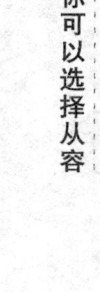

们不能不为老鹰的这种勇于改变的勇气所折服。

人生又何尝不是如此？面对癌症，是草草地结束自己的生命以避免遭受肉体和精神的折磨，还是积极地治疗，创造生命的奇迹？陷入困境，是听天由命，等待命运的宣判？还是放手一搏，冒险寻求可能的转机？工作平淡无奇、碌碌无为，是安于现状，享受现有的安逸？还是勇于改变，寻求属于自己的一片天地？

主宰自己，做自己的主人。沮丧的面容、苦闷的表情、恐惧的思想和焦虑的态度是你缺乏自制力的表现，是你具有弱点的表现，是你不能控制环境的表现。它们是你的敌人，要坚决拒绝它们。

有一个富翁在一次大生意中亏光了所有的钱，并且还欠下了债，他卖掉了房子、汽车，还清了债务。

此刻，他已孤独一人，无儿无女，穷困潦倒，唯有一只心爱的猎狗和一本书与他相依为命、相依相随。在一个大雪纷飞的夜晚，他来到一座荒僻的村庄，找到了一个避风的茅棚，他看到里面有一盏油灯，于是用身上仅存的一根火柴点燃了油灯，拿出书来准备读书。但是一阵风忽然把灯吹灭了，四周立刻一片漆黑。这位孤独的老人陷入了黑暗之中，对于人生感到无比的绝望，他甚至想到了结束自己的生命，但是立在身边的猎狗给了他一丝慰藉，他无奈地叹了一口气，沉沉地睡去。

第二天醒来，他忽然发现心爱的猎狗也被人杀死在门外。抚摸着这只曾经仅有的、相依为命的猎狗，他突然决定要结束自己的生命——世间再没有什么值得留恋的了。于是，他最后扫视了一眼周围的一切。这时，他发现整个村庄都沉寂在一片可怕的寂静之中，他不由得急步向前。啊！太可怕了！尸体！到处是尸体！一片狼藉。显然，这个村庄昨夜遭到了匪徒的洗劫，连一个活口也没留下来。

看到这可怕的场面，他不由得心念急转：啊！我是这里唯一幸存的人，我一定要坚强地活下去。此时，一轮红日冉冉升起，照得四周一片

光亮，他欣慰地想，我是这里唯一的幸存者，我没有理由不珍惜自己，虽然我失去了心爱的猎狗，但是我得到了生命，这才是人生最宝贵的，于是老人怀着坚定的信念，迎着灿烂的阳光又出发了。

人生总有得意和失意的时候，一时的得意并不代表永久的得意；在一时失意的情况下，如果你不能把心态调整过来，就很难再有得意之时。

故事中的老人在失意甚至绝望的状态下重新寻回了希望，赶走了悲伤，这不能不说是他人生中的又一大转折。

联想到我们日常的生活和学习，遇到失意或悲伤的事情时，我们一样要学会调整自己的心态。如果你的演讲、考试和愿望没有获得成功，如果你曾经因为鲁莽而犯过错误，如果你曾经尴尬，如果你曾经失足，如果你被训斥和谩骂……那么请不要耿耿于怀。对这些事念念不忘不但于事无补，还会占据你的快乐时光。抛弃它们，把它们彻底赶出你的心灵。如果你的声誉遭到了毁坏，不要以为你永远得不到清白，怀着坚定的信念勇敢地走向前吧，让担忧和焦虑、沉重和自私远离你，更要避免与愚蠢、虚假、错误、虚荣和肤浅为伍，还要勇敢地抵制使你失败的恶习以及使你堕落的念头，你会惊奇地发现，你的人生之旅是多么轻松、自由。

走出阴影，沐浴在明媚的阳光中，不管过去的一切多么痛苦、多么顽固，把它们抛到九霄云外。不要让担忧、恐惧、焦虑和遗憾消耗你的精力。把你的精力投入到未来的创造中去吧。

请记住：心若在，梦就在。

一 苦难自由它来，你可以选择从容

◆ 你不能选择出身，但可以选择出路

出身不好算得了什么？无非是一种磨砺，倘若你能像许多成功的人士一样，将磨砺当成激励，用努力去挑战困境，你就一定能够得到别人的认可，令别人对你高看一眼。

人生在世，很多事情确实不由我们自己做主，就拿出身来说，一部分人生在富贵之家，自幼锦衣玉食，享受着"高等教育"，无须刻意去奋斗就能够得到比普通人更多的收获。

然而，这毕竟只是少数人的待遇，多数情况下我们会降生在一个平凡的家庭，这样的家境无法为我们搭建有高度的人生起点，因此我们注定要比那些"天之骄子"多付出几倍甚至是几十倍的努力。当然，你可以去指责上苍的"不公"，但你决不能怨天尤人、得过且过，将大好的青春白白浪费。

事实上，很多成功人士的人生起点同样很低，但他们能够把这种"不公"转换成动力，在平凡的起点上铆足劲儿攀上不平凡的高度，而这些人成功的关键因素就是他们对生活的态度以及做人的心态。

吴士宏，素有"南天王"、"打工皇后"之称。事实上，吴士宏只出生在北京一户普通人家，初中毕业以后，她曾在北京椿树医院做过一段时间护士。随后，一场大病几乎令她丧失了活下去的勇气。此后，大病初愈的吴士宏突然感悟到：绝不能继续在这个毫无生气、甚至无法解决温饱的地方浪费青春。于是，通过自学考试，吴士宏取得了英语专科文凭，并通过外企服务公司顺利进入"IBM"，从事办公勤务工作。

其实，这份工作说好听一些叫"办公勤务"，说得直白一些，就是

"打杂"。这是一个处在最底层的卑微角色，端茶倒水、打扫卫生等一切杂物，都是吴士宏的工作。一次，吴士宏推着满车办公用品回到公司，在楼下被保安以检查外企工作证为由，拦在了门外，像吴士宏这种身份，根本就没有证件，二人就这样在楼下僵持着，面对大楼进出行人异样的眼光，吴士宏恨不得找个地缝钻进去……

然而，纵使环境如此艰难，吴士宏依然坚持着，她暗暗发誓："终有一天我要出人头地，绝不会再让人拦在任何门外！"

自此，吴士宏每天利用大量时间为自己充电。一年以后，她争取到了公司内部培训的机会，由"办公勤务"转为销售代表。不断地努力，令吴士宏的业绩不断飙升，她从销售员一路攀升，先后成为IBM华南分公司总经理、IBM中国销售渠道总经理、微软大中华区总经理，成了职业经理人中的一面旗帜。

生活中，很多人自怨自艾，抱怨自己的背景不好，抱怨自己的境遇坎坷，空有才而不得志。其实，这类人都有一个弊病——好高骛远，抱怨有余而努力不足，所以他们很少能够得到成功的眷顾。

在人生的旅途上，你若想有所建树，就必须放弃抱怨、放低高高扬起的目光，转而去接受现实、接受命运带来的磨砺，要秉持这样一种人生态度——"顺风兮，逆风兮，无阻我飞扬！"

是的，我们无法选择自己的出身，但我们可以选择自己的出路，请记住：你的心态决定你的命运。

◆ 即使地位低微，也要维护做人的尊严

一个人无论地位高低，都要能清醒地认识自己。地位高的人容易认为自己很了不起，其实未必；地位低的人容易自暴自弃，其实不必；虽

然我们不能说人的尊严与社会地位毫无关系，但如果把个人的尊严完全与社会地位联系在一起，只知道从社会地位中去寻找个人尊严，毫无疑问也是错误的。

　　古时候，泰安有一个小吏嫌自己的地位低下，总是为得不到别人的尊敬而苦恼。一天，他去向老子求教："先生，我的地位太低，不仅得不到尊敬，而且时常受到欺负，你能给我出个主意吗？"老子问明了他的情况后，说："一个人能否受到别人的尊敬，并不是由于他的地位所决定的。江海能成为百川汇集的地方，就是因为它处在最低的地位上啊！你要想在百姓之上，就必须对他们谦下；要想作为百姓的表率，就必须把个人的利益放在百姓的后面。这样做了，就不会有人不尊敬你了。"泰安小吏说："我明白了，为人表率才能受人尊敬。"

　　一个人苦苦寻找自己的地位尊严是无可厚非的，但不应该把地位看得太重。不可否认，人们的潜意识里总有着"大人物"与"小人物"的高下之别。但是"大人物"毕竟少而又少，而"小人物"就在你我身边，况且"大人物"也是从"小人物"不断地变大的，所以承认自己是小人物、承认自己地位低并没有什么可耻。

　　一个人如果一定要崇尚什么的话，他应该崇尚的是智慧而不是地位。获得智慧并不需要先获得地位，有时候地位反而是体现自身价值的阻碍。

　　著名的古希腊寓言家伊索是一个奴隶，他相貌奇丑，但他从不小看自己，反而以自己的绝顶聪明赢得了自由之身，据说他的主人因为他的丑陋，不肯在一个官员面前承认他是自己的奴隶，说他与自己一点儿关系也没有，于是伊索就请那位官员作证，要主人解除自己的奴隶身份。主人赏识他敏捷的才智，答应了他的要求，从此，伊索成了一个自由乡民，他为我们留下了伟大的《伊索寓言》，赢得了后人的极大尊敬。

相反，英国哲学家培根为了保卫自己的地位而不惜反戈他从前的恩人，一连串的升迁使他终于爬到了大法官的高位。但是对于历史来说，他的价值却只体现在他被迫隐居的几年里所写作和编订的那些不朽的著作上。我们今天所知道和敬佩的是哲学家培根，并不是大法官培根。他自己也感叹过，后悔没有及早退出官场来做那份了不起的工作。

其实，大家都知道，任何伟大的成就都是平凡人从平凡的工作上起步的。韩国总统金大中在初中时就给自己定下了发展目标：未来的总统金大中。不知道他当时受过多少冷嘲热讽，可最终他确实当了总统。这样的事例不胜枚举。

地位是一个人某种能力或权力的体现，却不是其人生价值的全部体现。处于高位者有其处于高位的难处，而处于低位者往往具有处于高位者所不具备的大境界。

◆ 学会与痛苦共舞

"所有的锻炼不过是再次呈现我们还没学会的功课。"这是基督圣歌中"奇迹的教诲"中的一句歌词。是的，学会与痛苦共舞，我们才能看清造成痛苦来源的本质，明白内在真相，更重要的是它能让我们学到该学的功课。

没有人生来就注定是个失败者，在人生这个竞技场上，能否超越自我、脱颖而出，关键看你对于生活抱有一种什么样的态度，关键看你怎样去经营自己的人生。那些只知怨天尤人、不思进取的人将注定要被淘汰。

事实上，这个世界根本没有过不去的坎儿，一时的失意绝不意味着

失意一生。你要知道，在这个世界上，很多人远比你还要不幸。

有个穷困潦倒的销售员每天都在抱怨自己"怀才不遇"，抱怨命运捉弄自己。

圣诞节前夕，家家户户热闹非凡，到处充满了节日的气氛，唯独他冷冷清清，独自一人坐在公园的长椅上回顾往事。去年的今天，他也是一个人，是靠酒精度过了圣诞节，没有新衣，没有新鞋，更别提新车、新房子了，他觉得自己就是这个世界上最孤独、最倒霉的那个人，他甚至为此产生过轻生的念头。

"唉！看来今年我又要穿着这双旧鞋子过圣诞节了！"说着，他准备脱掉旧鞋子。这时，"倒霉"的销售员突然看到一个年轻人滑着轮椅从自己面前经过，他顿时醒悟："我有鞋子穿是多么幸福！他连穿鞋子的机会都没有啊！"从此以后，推销员无论做什么都不再抱怨，他珍惜机会、发愤图强，力争上游。数年以后，推销员终于改变了自己的生活，成了一名百万富翁。

很多人天生就有残缺，但他们从未对生活丧失信心，从不怨天尤人，他们自强自立、不屈不挠，最终战胜了命运。可有些人，生来五官端正、手脚齐全，但仍在抱怨生活、抱怨人生，相比之下，难道我们不感到羞愧吗？丢开抱怨，用行动去争取幸福，你要明白，纵然是一双旧鞋子，但穿在脚上仍是温暖、舒适的，因为这个世界上还有人连穿鞋的机会都没有。

当然，在麻烦、苦难出现时，人总会感觉内心不安或是意志动摇，这是很正常的。面临这种情况时，必须不断地自励自勉、鼓起勇气，信心百倍地去面对，这才是最正确的选择。

有一名叫鲁奥吉的青年在20岁那年骑摩托车出了事，腰部以下全部瘫痪。鲁奥吉在事后回忆说："瘫痪使我重生，过去我所有做的事都必须从头学习，就像穿衣、吃饭，这些都是锻炼，需要专注、意志力和

耐心。"

鲁奥吉以极积面对人生的态度声称，以前自己不过是个浑浑噩噩的加油站工人，整天无所事事，对人生没什么目标。车祸以后，他经历的乐趣反而更多，他去念了大学，并拿到语言学学位，他还替人做税务顾问，同时也是射箭与钓鱼的高手。他强调，如今，"学习"与"工作"是他所选择的最快乐的两件事。

的确，生命中收获最多的阶段往往就是最难挨、最痛苦的时候，因为它迫使你重新检视反省，替你打开了内心世界，带来更清晰、更明确的方向。

要想生命尽在掌控之中是件非常困难的事情，但日积月累之后，经验能帮助你汇集出一股力量，让你越来越能在人生的赌局中进出自如。很多灾难在事过境迁之后回头看它们，会发现它们并没有当初看来那么糟糕，这就是生命的成熟与锻炼。

◇ 英雄可以被毁灭，但不能被击败

想要人生精彩，就不要轻易下结论否定自己，不要怯于接受挑战，只要开始行动就不会太晚；只要去做，就总有成功的可能。世上能打败你的只有你自己，成功之门一直虚掩着，除非你认为自己不能成功，它才会关闭；只要你自己觉得可能，那么一切就皆有可能。

"英雄可以被毁灭，但是不能被击败。"跌倒了，爬起来，你就不会失败，坚持下去你才会成功。不要因为命运的怪诞而俯首听命于它，任凭它的摆布。等你年老的时候，回首往事就会发觉，命运只有一半在上帝的手里，而另一半则由你掌握，你一生的全部就在于：运用你手里

所拥有的去获取上帝所掌握的。你的努力越超常,你手里掌握的那一半就越庞大,你获得的就越丰硕。

如果一个人把眼光拘泥于挫折的痛感之上,他就很难再有心思想自己下一步如何努力、最后如何成功。一个拳击运动员说:"当你的左眼被打伤时,右眼就得睁得更大,这样才能够看清敌人,也才能够有机会还手。如果两只眼同时闭上,不但右眼也要挨拳,恐怕连命都难保!"拳击就是这样,即使面对对手无比强劲的攻击,你还是得睁大眼睛面对受伤的感觉,如果不是这样的话一定会败得更惨。其实人生又何尝不是如此呢?

"幸运者"与"不幸者"的区别在于:幸运者总是充满自信、洋溢着活力,而不幸者即使腰缠万贯、富甲一方,内心却往往灰暗而脆弱。

这就是所谓的自卑,是一种消极的自我评价或自我意识,即个体认为自己在某些方面不如他人而产生的消极情感,是一种危机心态。自卑是束缚创造力的一条绳索,要想人生活得精彩,首先要做的一项工作就是拒绝与自卑纠缠。

在这个世界上,最不值得同情的人就是被失败打垮的人。一个否定自己的人又有什么资格要求别人去肯定?自卑者是这个世界上最可怜的人,因为他们的内心一直被自轻自贱的毒蛇噬咬,不仅丧失了心灵的新鲜血液,而且丧失了拼搏的勇气,更可悲的是,他们的心中已经被注入了厌世和绝望的毒液,乃至原本健康的心灵逐渐枯萎。

松下电器公司曾招聘一批基层管理人员,采取笔试与面试相结合的方法。计划招聘15人,报考的却有几百人。经过一周的考试和面试之后,通过电子计算机计分选出了15位佼佼者。当松下幸之助将录取者一个个过目时,发现有一位成绩特别出色、面试时给他留下深刻印象的年轻人未在15位之列,这位青年叫神田三郎。于是,松下幸之助当即叫人复查考试情况,结果发现,神田三郎的综合成绩名列第一,只因电

子计算机出了故障，把分数和名次排错了，导致神田三郎落选。松下立即吩咐手下纠正错误，给神田三郎发放了录用通知书。第二天，松下却得到一个惊人的消息：神田三郎因没有被录取而一下自卑起来，觉得自己一无是处，于是跳楼自杀了。当录用通知书送到时，他已经死了。

松下知道之后沉默了好长时间，一位助手在旁边自言自语道："多可惜，这么一位有才干的青年，我们没有录取他。"

"不，"松下摇摇头说，"幸亏我们公司没有录用他，如此自卑的人是干不成大事的。"

人生并非一帆风顺，因为求职未被录取而拿死亡来解脱自卑的情绪简直太可惜了。

在人生崎岖的道路上，自卑这条毒蛇随时都会悄然地出现，尤其是当人迷惑、劳累及困乏时，更要加倍地警惕。偶尔短时间地滑入自卑的状态是很正常的现象，但长期处于自卑之中就会酿成人生的灾难。

因此，要想堂堂正正地活着，首先就要有自信，有了自信才能产生勇气、力量和毅力。具备了这些，困难才有可能被战胜，目标才可能达到，胜利才可能拥有。但是自信绝非自负，更非痴妄，只有将自信建立在崇高和自强不息的基础之上才有意义。心中有自信，成功才会有动力。莎士比亚说过："自信是成功的第一步。"当你满怀激情踏上人生之路时，请带上自信出发，那么一切都将会改变。

◆ 心态改变，苦难就会改变

心情的颜色影响着世界的颜色，拥有困恼的人实际上并不是遭受了多大的不幸，而是他们的内心素质存在某种缺陷，对生活的认识存有偏差。

其实，我们应该感谢苦难，因为苦难让我们懂得了真正的生活。无论这困难来自于生活抑或是情感，请从感谢苦难开始反省自己、恢复自己，如此相信你所经历的苦难必然会成为你日后人生路上永远感谢的对象，因为没有这些苦难，你就不会解悟，就不会有今天的体会。

某人前往朋友家做客，方知朋友5岁的儿子罹患先天性心脏病，最近动过一次手术，胸前留下一道深长的伤口。

朋友告诉他，孩子有天换衣服从镜中看见疤痕，竟骇然而哭。

"我身上的伤口这么长，我永远也不会好了。"她转述孩子的话。

孩子的敏感、早熟令他惊讶，朋友的反应则更让他动容。

朋友心酸之余解开自己的裤子，露出当年剖腹产留下的刀口给孩子看。

"你看，妈妈身上也有一道这么长的伤口。"

"为什么你的身上会有这么长的伤口？"孩子问。

朋友解释说："因为以前你还在妈妈肚子里的时候生病了，没有力气出来，幸好医生把妈妈的肚子切开，把你救了出来，不然你就会死在妈妈的肚子里面。妈妈一辈子都感谢这道伤口呢。"

"同样地，你也要谢谢自己的伤口，不然你的小心脏也会死掉，那样就见不到妈妈了。"

感谢伤口！——这4个字如钟鼓声直撞孩子的心头，他不由低下头，检视自己的伤口，它不在身上，而在心中。

那个时候，他工作屡遭挫折，加上在外独居，生活寂寞无依，更加重了情绪的沮丧、消沉，但生性自傲的他不愿示弱，便企图用光鲜的外表、强悍的言语加以抵御。

隐忍内伤的结果终至溃烂、化脓，直至发觉自己已经开始依赖酒精来逃避现状，为了不致一败涂地，他才决定举刀割除这颓败的生活，辞职搬回父母家。

如今伤势虽未再恶化,但那次失败的经历却像一道丑陋的疤痕刻画在胸口。认输、撤退的感觉日复一日地强烈,自责最后演变为自卑,使他彻底怀疑自己的能力。

有好长一段时间,他蛰居在家中,对未来裹足不前,迟迟不敢起步出发。

朋友让他懂得从另一个方面来看待这道伤口:庆幸自己还有勇气承认失败,重新来过,并且把它当成时时警惕自己、纠正以往浮夸、矫饰作风的记号。

他要感谢朋友,更要感谢伤口。

心理学家曾经提出过"最优经验"的解释,意思是指,当一个人自觉地把体能与智力发挥到最极限的时候,就是"最优经验"出现的时候,而通常"最优经验"都不是在顺境之中发生的,反而是在千钧一发的危机与最艰苦的时候涌现。据说,许多在集中营里大难不死的囚犯就是因为困境激发了他们采取最优的应对策略,最终能躲过劫难。

山中鹿之助是日本战国时代有名的豪杰,据说他时常向神明祈祷:"请赐给我七难八苦。"很多人对此举都很不理解,就去请教他,鹿之助回答说:"一个人的心志和力量必须在经历过许多挫折后才会显现出来,所以我希望能借各种困难与险厄来锻炼自己。"而且他还作了一首短歌,大意如下:"令人忧烦的事情总是堆积如山,我愿尽可能地去接受考验。"

一般人对神明祈祷的内容都有所不同,一般而言,不外乎是利益方面。有些人祈祷更幸福,有些人祈祷身体健康甚或赚大钱,却没有人会祈求神明赐予更多的困难和劳苦,因此当时的人们对于鹿之助这种祈求七难八苦的行为不给予理解是很自然的现象,但鹿之助依然这样祈祷,他的用意是想通过种种困难来考验自己,其中也有借七难八苦来勉励自己的用意。

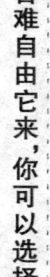

鹿之助的主君尼子氏遭到毛利氏侵略而灭亡，因此他立志消灭毛利氏，替主君报仇，但当时毛利氏的势力正如日中天，尼子氏的遗臣中敢于和毛利氏对敌的可谓少之又少，许多人一想到这是毫无希望的战斗就心灰意冷，可是，鹿之助仍然不时地勉励自己，鼓舞自己的勇气。或许就是因为这个缘故，他才会祈祷神明赐予他七难八苦。

其实，生活的现实对于我们每个人本来都是一样的，但经过各人不同"心态"的诠释后，便代表了不同的意义，因而形成了不同的事实、环境和世界。心态改变，则事实就会改变；心中是什么，则世界就是什么。心里装着哀愁，眼里看到的就全是黑暗。抛弃已经发生的令人不痛快的事情或经历才会迎来新心情下的乐趣。

有一天，詹姆斯忘记关上餐厅的后门，结果第二天早上，3个武装歹徒闯入抢劫，他们要挟詹姆斯打开保险箱。由于过度紧张，詹姆斯弄错了一个号码，造成抢匪的惊慌，开枪射击詹姆斯。幸运的是，詹姆斯很快被邻居发现了，将他紧急送到医院抢救，经过18个小时的外科手术以及长时间的悉心照顾，詹姆斯终于出院了，但仍然有颗子弹留在他身上。

事情发生6个月之后，詹姆斯向朋友讲起了他的心路历程，詹姆斯说道："当他们击中我之后，我躺在地板上，还记得当时我有两个选择：我可以选择生，或选择死。我选择活下去。""你不害怕吗？"朋友问他，詹姆斯继续说，"医护人员真了不起，他们一直告诉我没事，让我放心，但是在他们将我推入紧急手术间的路上，我看到医生跟护士脸上忧虑的神情，我真的被吓到了，他们的脸上好像写着——他已经是个死人了！我知道我需要采取行动。""当时你做了什么？"朋友继续问，詹姆斯说："当时有个护士用吼叫的音量问我一个问题，她问我是否会对什么东西过敏，我回答：'有。'这时，医生跟护士都停下来等待我的回答。我深深地吸了一口气说着，'子弹！'等他们笑完之后，我告诉他们，

'我现在选择活下去，请把我当做一个活生生的人来开刀，而不是一个活死人。'"

詹姆斯能活下来当然要归功于医生的精湛医术，但同时也缘于他令人惊异的态度。从他身上我们学到，每天你都能选择享受你的生命或是憎恨它，这是唯一一件真正属于你的权利、没有人能够控制或夺去的东西，如果你能时时记住这件事实，你生命中的其他事情都会变得容易许多。

心情的颜色会影响世界的颜色。如果一个人对生活抱持一种达观的态度，就不会稍有不如意就自怨自艾，只看到生活中不完美的一面。在我们的身边，大部分终日苦恼的人实际上并不是遭受了多大的不幸，而是自己的内心素质存在着某种缺陷，对生活的认识存在偏差。

事实上，生活中有很多坚强的人，即使遭受挫折，承受着来自于生活的各种各样的折磨，他们在精神上也会岿然不动。充满着欢乐与战斗精神的人们永远不会被困难打倒，在他们的心中始终承载着欢乐，不管是雷霆与阳光，他们都会给予同样的欢迎和珍视。

◆ 学会欣赏自己

如果我们为人正直、工作勤奋，就会得到人们的称颂；然而，得到自己的赞许却有百倍的意义。

也许你想成为太阳，可你却只是一颗星辰；也许你想成为大树，可你却只是一株小草；也许你想成为一条大河，可你却只是一泓山溪……于是，你很自卑。很自卑的你总以为命运在捉弄自己，其实你不必这样。很多人在欣赏别人的时候，觉得对方一切都好；而审视自己的时候，却总是觉得自己很糟。和别人一样，你也是一道风景，也有阳光，

也有空气，也有寒来暑往，甚至有别人未曾见过的一株春草，甚至有别人未曾听过的一阵虫鸣。做不了太阳，就做星辰，让自己的星座发热发光；做不了大树，就做小草，以自己的绿色装点希望；做不了伟人，就做实在的小人物。平凡并不可卑，关键是必须扮演好自己的角色。

不必总是欣赏别人，也欣赏一下自己吧，你会发现，天空一样高远，大地一样广大，自己有比别人更美好的地方。

有个小男孩头戴球帽，手拿球棒与棒球，全副武装地走到自家的后院。

"我是世上最伟大的击球手。"他自信地说完后，便将球往空中一扔，然后用力挥棒，却没打中，然而他毫不气馁，继续将球拾起，又往空中一扔，然后大喊一声，"我是最厉害的击球手。"他再次挥棒，可惜仍然落空。他愣了半响，然后仔细地将球棒与棒球检查了一番之后，他又试了一次，这次他仍告诉自己，"我是最杰出的击球手。"然而他第三次尝试的结果还是挥棒落空。

"哇！"他突然跳了起来，"我真是一流的投手。"

看了上面的这个小故事，你是一笑置之，还是有所感触呢？故事中的小男孩勇于尝试，能不断地给自己打气、加油，始终充满信心，虽然屡遭失败，但是他并没有自暴自弃，没有任何抱怨，反而能从另一种角度"欣赏自己"。

生活中，大多数人都习惯自怜自艾、自我批判，他们最常说的是"我身材难看"、"我能力太差"、"我总是做错事"……他们总是学不会像那个小男孩一样，换个角度欣赏自己，这都是由于自卑心理作祟。自卑心理所造成的最大问题是：你总是斤斤计较你的平凡，你总是在想方设法证明你的失败，每一天你都在为自己的想法找证据，结果你越来越觉得自己平凡、渺小、处处不如人。一个值得思考的问题是：为什么你知道这样做会使人生更灰暗、负面的感觉更多，更知道珍惜人生的天赋

美好，却还是坚持执迷不悟？我们都是芸芸众生中的一员，都是平凡的小人物，但我们也有比别人优秀的地方，所以千万不要自贬身价。

关于欣赏自己，古人早就有"懂得欣赏自己，才会有生活之乐趣"这一说。如今，社会又流行"若连自己都不欣赏，那你又怎么期望别人欣赏你呢？"这些都说明了懂得欣赏自己的重要性。曾经，我们将欣赏的目光太多地投向了那些光彩照人的"星"——歌星、球星，例如麦当娜、贝克汉姆……喜其所喜，忧其所忧，为他们而魂牵梦萦，痴狂而无法自拔，在欣赏中将自己放在被遗忘的角落，忽略了一道迷人而实在的风景线——自己。

欣赏自己，没有超凡的聪颖，却不乏执著和勤奋；欣赏自己，在钦佩别人的时候始终没有忘却自我的目标；欣赏自己，在挫折面前没有叹息和抱怨，只有更加奋然前进的勇气；欣赏自己，更多的是肯定自己，但决不是自以为是的孤芳自赏，更不是欣赏自己的缺点与错误；欣赏自己，是让自己有信心地走向生活，把一串串美丽的梦想变成神奇的现实，把一个个平淡的日子装扮得五彩缤纷。

如果一个人对自己都不欣赏，连自己都看不起，那么这个人怎么还有自强、自信、自爱、自省呢？你也许曾埋怨过自己不是名门出身，你也许曾苦恼过自己命运中的波折，你也许曾叹惋过自己行程中的坎坷。可是，你有没有正视过自己？对于一个生活的强者而言，出身只是一种符号，你又何必为此而斤斤计较？命运不是池塘的水，又岂能无忧无虑、平静无波？生命的行程中如果没有顽石的阻挡，又怎能激起美丽的朵朵浪花？

平日里，我们只顾风尘满面地在尘世间奔波，步履匆匆，眼睛总是盯着别人的美好，因此一不小心就忘了欣赏自己。命运是公正无私的，它给予任何人都不会太多，多欣赏自己，你就会发现自己的生活是如此美好、如此幸福。

苦难自由它来，你可以选择从容

◇ 在缺憾中获得快乐

世界上的人都在拼命地追求完美,当他们勉强将一件事做到尽善尽美后,马上又会出现新的问题,于是他们只好再拆了东墙补西墙,直到把自己的生活弄得一团糟。既然缺憾是无法从根本上改变的,那我们何不笑对缺憾,尽可能地从缺憾中获得快乐呢?

庄子讲过一个故事。

有一个叫支离疏的人,脸部隐藏在肚脐下,肩膀比头顶高,颈后的发髻朝天,五脏的血管向上,两条大腿和胸旁的肋骨相并。替人家缝洗衣服,足可过活;替人家簸米筛糠,足可养十口人;政府征兵时,他摇摆游离于其间;政府征夫时,他因残疾而免去劳役;政府放赈救济贫病时,他可以领到3斗米和10捆柴。

"支离疏"意即形体支离不全。庄子在描写这个人时没有提到他的名字,想必是因为这个人的真名在当时就已经被人遗忘,而保留下"残疾人"这个名称。在我们眼里,这个人是很惨的,可庄子却告诉我们残缺也许是福。人活在世间,不如意之事十之八九,谁能事事顺心呢?其实人生从来不曾完美,人生就是这样,永远是有缺憾的。佛学里把这个世界叫做"婆娑世界",翻译过来就是能容忍许多缺憾的世界。本来世界就是有缺憾的,而且没有缺憾就不叫做人的世界,人的世界本来就有诸多缺憾,不完美才是完美,太完美了就是缺陷。我们总是生活在种种缺憾中,缺憾是与生俱来的,没有缺憾就意味着圆满,圆满也意味着停滞,即到达了终点。因为圆满,会使人失去拼搏奋斗的劲头。如此,圆满反而成了一个最大的缺憾了。失去断臂的维纳斯,她的美不仅征服了

西方也征服了东方。曾几何时，多少艺术家绞尽脑汁，想为她重塑双臂，然而，欲成其美，适得其反。许多悲剧之所以那么耐人寻味就在于它们的缺憾，留给观看的人很大的思考余地。正如狄德罗所说："如果世界上的一切都是十全十美的，那便没有十全十美的东西了。"月亮因为有阴晴圆缺，所以才那么丰富多彩。卓越、出色者并非完美，奇才常常有大缺憾。著名影星玛丽莲·梦露，有人说她脸太短，身体则丰满得有点儿偏胖，然而她却被评为20世纪最美的女人。美国伟大的总统林肯形象丑陋、不修边幅、嗓音粗哑，他却是历史上最完美的演说家。

在美国，《独立宣言》是广受尊重的历史文件，其地位也许仅次于《联邦宪法》。《独立宣言》的原件珍藏于华盛顿国家档案馆，是美国的无价之宝。然而有谁能料到，这样一份神圣的、庄严的文件，其中竟有两处"缺憾"。原来，当初这份文件成稿以后，大家发现遗漏了两个字母，却没有人认为应该重新抄写一遍，只是在行间把这两个字母加了上去，并打上了"∧"的脱字符号。在上面签字的56名美国精英，并未因此认为这有辱这份赋予国家自由的文件的圣洁。《独立宣言》的文字简约，篇幅不长，重新抄写得工整漂亮并不难做到。别说这样重要的文件，就是一份普通的公文也有多少官僚为之而斤斤计较，但这种细枝末节的完美对问题的实质有无影响呢？值不值得把宝贵的时间与精力花费在这上面呢？56名胸怀全局、不拘小节、务实而又浪漫的精英们签上自己的大名，就迅速为文件的内容而奋斗了。世界上完美无缺的文件很多，但成为国宝的有几件呢？形式上的细枝末节再完善，也不过是个形式而已，内容如何、执行的情况如何才是一份文件的价值所在。

你的生活中是不是也有缺憾呢？你还在为它而烦恼吗？要想寻求到快乐，就必须学会放弃完美。人生的真谛往往不是寄予"歌舞升平"

的繁华，也非蕴于"平步青云"的惬意，更不必在乎"儿孙满堂"的完美。从某种意义上说，一个完美的人是可怜的，他永远无法体会有所追求、有所希冀的感受，他无法体会他所爱的人带给他一直追求而得不到的东西的喜悦。没有缺憾，人生将变成一个痴迷、狂欢的舞台。一个有勇气放弃他无法实现的梦想的人是完整的，因为他抵御了利欲的冲击。

三
仇怨劳心伤神，你可以选择宽容

　　宽容别人是一种美德。常言道：忍一时风平浪静，退一步海阔天空；处世让一步为高，待人宽一分是福。宽容就是不计较别人的过失，不计较别人的错事，对伤害过自己的人要客观正确地对待，原谅别人的过错。为什么要一门心思只想证明他人的错误，而不去想一想他人是否有合理之处？在人与人相处的过程中，总难免有所过失和私心。有的过失也许会有意无意地对你造成极大的伤害或者利益的重大损失。当遇到这种情况时，能以海一样的胸怀宽容对方，用智慧和善心化解矛盾，你将是人中豪杰。

◆ 熄灭心中仇恨的火种

忘记仇恨是一个明智的做法。如果你还没有学会遗忘仇恨，你就应该要求自己，甚至是强迫自己不去仇恨别人。

仇恨是埋在心中的火种，如果不设法将其熄灭，必然会烧伤自己。有时候，即便自己已经灼烧成灰，对方却依然毫发无损。

很早以前，有一位宫廷画师因作画讽刺当权重臣，惨遭杀害。

多年以后，画师的儿子长大成人，他得以继承父亲的遗风，在作画方面颇具几分才华。但是，因为知道那位重臣仍对当年的往事耿耿于怀，为求安然，他每天只低调地在画市上以卖画为生。

无巧不成书，偶然的一次，那位重臣的独子在逛画市时，偏偏看中了他的一幅画。见此，他傲慢地将画盖住，声称这是"非卖品"。看着对方失望远去的背影，一种报复的快感在他心中油然升起。

3日后，重臣亲自到访，再三请求画师的儿子将画卖给自己，并且随他定价，因为那位公子为这幅画已经不吃不喝、不眠不休地折腾3天了。画师的儿子断然拒绝，他要充分享受报复带来的快感，他感觉压抑已久的仇恨终于得到了些许释放。

翌日清晨，画师的儿子起床以后，照例铺纸作神像画，这是他多年养成的习惯，每日起床必先画一尊自己所敬重的神。画着画着，他的手突然停住了。

"这神像怎么……怎么有些眼熟！可是到底像谁呢？"他停笔想了很久，突然失声惊叫，"竟然是他！竟是我的杀父仇人！"

随即，他发疯一般地将画撕得粉碎，口中大呼："我内心的恨最终

报复了我自己！"

"恨"是一种极其狭隘的负面情绪，将仇恨埋在心中须臾不忘，就会一直遭受仇恨的折磨，时时想着"报仇雪恨"，人生又怎能过得轻松？

另一方面，仇恨常常左右人们的理智，使人们对复杂多变的形势作出错误的分析和判断。因此有人说，一个被仇恨左右的人一定是不成熟的人，因为聪明的人一定会懂得在选择、判断时摒除外界因素的干扰，采取理智的做法。

三国时，曹操历经艰险，平定青州黄巾军后实力增加，声势大振，有了一块稳定的根据地，于是他派人去接自己的父亲曹嵩。曹嵩带着一家老小40余人途经徐州时，徐州太守陶谦出于一片好心，同时也想借此机会结纳曹操，便亲自出境迎接曹嵩一家，并连续两日大设宴席热情招待。一般来说，事情办到这种地步就比较到位了，但陶谦还嫌不够，他还要派500名士卒护送曹嵩一家。这样一来，好心却办了坏事。护送的这批人原本是黄巾余党，他们只是勉强归顺了陶谦，而陶谦并未给他们任何好处。如今他们看见曹家无数装载财宝的车辆，便起了歹心，半夜杀了曹嵩一家，抢光了所有财产跑掉了。曹操听说之后，咬牙切齿道："陶谦放纵士兵杀死我父亲，此仇不共戴天！我要尽起大军血洗徐州。"

随后，曹操亲自率大军，浩浩荡荡杀向徐州，所过之处，无论男女老少，一个也不留，吓得陶谦几欲自裁以谢罪曹公，以救黎民于水火。然而，事情却突然发生了骤变，吕布率兵攻破了兖州，占领了濮阳。怎么办？这边父仇未报，那边又起战事！如果曹操此时被复仇的想法所左右，那么他一定看不出事情的发展趋势，也察觉不出情况的危急。但曹操毕竟是曹操，他是一个十分冷静沉着的人，也是一个非常会控制自己情绪的人。正因为此，他立刻分析出了情况的严重性——"失去了兖州

就等于断了我的归路,不可不早做打算。"于是,曹操便放弃了复仇的计划,拔寨退兵去收复兖州了。

同是三国枭雄,反观刘备,只因义弟关羽死于东吴之手便不顾诸葛亮、赵云等人的劝阻,一意孤行,杀向东吴。最终仇未得报,又被陆逊一把火烧了700里连营,自感无颜再见蜀中众臣,抑郁地死于白帝城,从此西蜀一蹶不振。

与刘备相比谁的仇更大?显然是曹操,曹操一家老小40余人均丧生,而刘备只失去了义弟关羽一人。但曹操显然要比刘备冷静得多,他面对骤变的局势,其思维、判断没有受到复仇心态的任何影响,所以他才能够摆脱这次危机,保住了自己的地盘和势力。

由此可见,理易清,仇则易乱。若要我们在做人时完全舍弃七情六欲,显然是不现实的,但放宽情怀,尽量避免为情绪所控制则并不是什么难事。

淡忘仇恨,同时也是解放了自己。与其因为愤恨而耗尽自己一生的精力,时时记着那些伤害你的人和事,被回忆和仇恨所折磨,还不如淡忘它们,把自己的心灵从禁锢中解脱出来。遇事但凡有这个念头,你的人生势必会少被烦恼所牵绊,你的心灵自然会智慧、轻松许多。

◇ 宽容是美的化身

一个人能否以宽容的心对待周围的一切,是一种素质和修养的体现。大多数人都希望得到别人的宽容和谅解,可是自己却做不到这一点,因为他们总是把别人的缺点和错误放大成烦恼和怨恨。宽容是一种美,当你做到了,你就是美的化身。

对于现代人而言，物质是丰富的，知识是丰富的，许多人拥有广博的知识，能做事、能赚钱，但是不快乐，仍然有很多烦恼，究竟是什么原因呢？是因为他们的人生智慧太贫乏了，不懂得如何宽容待人。

人生在世，会遇到各种纷繁芜杂的问题，有了宽容才能够更好地解决问题。宽容是人生的大智慧，无论对做人处世，还是奋斗创业都有着至关重要的影响。学会宽容能够修身养性、安身立命，它是成就大业的利器，是获得快乐与幸福的法宝。

宽容体现了人们大度的胸怀和气概。它讲究的是策略，运用的是智慧。

宽容别人的过错，即使只是一句安慰的话也能迎来天空广阔无垠的蔚蓝。

宽容不是姑息别人的错误，也不是自己软弱的表现，宽容是一种理解、一种涵养，不是简单的宽容加饶恕。当别人做错事时，宽容对方往往是最好的处理方法。

"二战"期间，一支部队在森林中与敌军相遇，激战后两名战士与部队失去了联系，这两名战士来自同一个小镇。

两人在森林中艰难地跋涉，他们互相鼓励、互相安慰。10多天过去了，仍未与部队联系上。这一天，他们打死了一只鹿，依靠鹿肉又艰难地度过了几天，可也许是战争使动物四散奔逃或被杀光，从这以后，他们再也没看到过任何动物。他们仅剩下的一点儿鹿肉背在年轻战士的身上。这一天，他们在森林中又一次与敌人相遇，经过再一次激战，他们巧妙地避开了敌人。就在自以为已经安全时，只听一声枪响，走在前面的年轻战士中了一枪，幸亏伤在肩膀上，后面的士兵惶恐地跑了过来，他害怕得语无伦次，抱着战友的身体泪流不止，并赶快把自己的衬衣撕下包扎战友的伤口。

晚上，未受伤的士兵一直念叨着母亲的名字，两眼直勾勾的。他们

三 仇怨劳心伤神，你可以选择宽容

55

都以为自己熬不过这一关了，尽管饥饿难忍，可谁也没动身边的鹿肉。天知道他们是怎么过的那一夜。第二天，部队救出了他们。

事隔30年，那位受伤的战士说："我知道谁开的那一枪，他就是我的战友。当时在他抱住我时，我碰到他发热的枪管。我怎么也不明白他为什么对我开枪？但当晚我就原谅了他，我知道他想独吞我身上的鹿肉，我也知道他想为了他的母亲而活下来。此后30年，我假装根本不知道此事，也从不提及。战争太残酷了，他的母亲还是没有等到他回来，我和他一起祭奠了老人家。那一天，他跪下来，请求我原谅他，我没让他说下去。我们又做了几十年的朋友，我宽容了他。"

一次可贵的宽容换来了一生的朋友之情，可见，宽容给我们带来的好处是无价的。做到宽容说难也难，说易也易，有时可能只是一句安慰的话语就可能迎来天空无垠的蔚蓝。

一架飞机在升空的一瞬间，机身有些异样地抖动，但这只钢铁巨鸟还是在惯性中钻进了云层。驾驶这架新式战斗机的是美国特级试飞员胡佛，这位曾经试飞过几千架次的王牌试飞员平时最相信自己的直觉。此时，一种不祥的预感渐渐地占据了他的心。果然，飞机开始急速下坠，仪表盘上亮起了一盏盏醒目的红灯，刚刚还像一根飘带的河流，因为飞机下降变得波涛汹涌。冷静、冷静，面对撩开了面纱的死神，胡佛一遍遍地在心里默念，在一个真正的试飞员心中，这项耗资上亿美元和无数人智慧心血的成果比什么都重要。冷静与经验拯救了一切，奇迹终于在这漫长的几秒钟里发生了，发动机又发出了沉闷的轰鸣，在塔台的指挥下，胡佛凭借丰富的经验终于使飞机迫降成功。

当胡佛走下舷梯的时候，地勤人员蜂拥地向他奔来，走在最前面、第一个紧紧拥抱他的是泣不成声的机械师戴维。因为是他一时的疏忽，错将轰炸机的油料加进了战斗机，才差点儿酿成了一场机毁人亡的事故。

胡佛知道了原委后，并没有责怪这位合作了十余年的老伙计，而是安慰他说，一切都过去了，死亡也消失了，不要因为无意的过错而责备自己，我相信你，以后只要是我飞行，会继续请你"加油"。

因为这一句话，使戴维很快从阴影中走出，并且一直陪伴在胡佛的左右，直至两个人共同退役，其间，再也没有出过任何哪怕是细微的差错。

人生在世，会与许许多多的人接触，难免会有人有意或无意地给我们造成一些伤害，如果一味地将这些伤害记挂在心，时刻与之计较，那我们的心灵就会被气恼和怨怒所折磨，背负上沉重的包袱，倒不如用理解和原谅做药引，熬一服宽容的汤药，这既能解除别人的痛苦，更能让自己变得快乐与健康。

◆ 宽恕别人就是宽恕自己

也许昨天，也许很久以前，有人伤害了你，你不能忘记。你本不应受到这种伤害，于是你把它深深地埋在心里等待报复。不过现在你应该明白，这样做是毫无益处的，不宽恕别人就是不宽恕自己。

在这个世界上，一个人即使是出于好意也会伤害他人。朋友背叛你、父母责骂你、爱人离开你……总之，每个人都会受到伤害。

人一旦受到伤害的时候，最容易产生两种不同的反应：一种是怨恨，一种是宽恕。

怨恨是你对受到深深的、无辜伤害的自然反应，这种情绪来得很快。女人希望她的前夫与他的新妻子倒霉，男人希望背叛了他的朋友被解雇。无论是被动的还是主动的，怨恨都是一种郁积着的邪恶，它窒息

着快乐，危害着健康，它对怨恨者的伤害比被怨恨者更大。

消除怨恨最直接有效的方法就是宽恕。宽恕必须承受被伤害的事实，要经过从"怨恨对方"到"我原谅"的情绪转折，最后认识到不宽恕的坏处，从而积极地去思考如何原谅对方。

宽恕是一种能力，一种停止伤害继续扩大的能力。

宽恕不只是慈悲，也是修养。

生活中，宽恕可以产生奇迹，宽恕可以挽回感情上的损失，宽恕犹如一个火把能照亮由焦躁、怨恨和复仇心理铺就的黑暗道路。

曾任纽约州长的威廉·盖诺被一份内幕小报攻击得体无完肤之后，又被一个疯子打了一枪几乎送命。当他躺在医院为他的生命挣扎的时候，他说："每天晚上我都原谅所有的事情和每一个人。"这样做是不是太理想了呢？是不是太轻松、太好了呢？如果是的话，就让我们来看看那位伟大的德国哲学家，也就是《悲观论》的作者叔本华的理论，他认为生气就是一种毫无价值而又痛苦的冒险，当他走过的时候好像全身都散发着痛苦，可是在他绝望的深处，叔本华叫道："如果可能的话，不应该对任何人有怨恨的心理。"

当耶稣说"爱你的仇人"的时候，他也是在告诉你：怎么样改进你的外表。你一定见过这样的女人，她们的脸因为怨恨而有皱纹，因为悔恨而变了形，表情僵硬。不管她们怎样进行美容，对她们容貌的改进也及不上让她们心里充满了宽容、温柔和爱所能改进的一半。

怨恨的心理甚至会毁了你对食物的享受。圣人说："怀着爱心吃菜，也会比怀着怨恨吃牛肉好得多。"

你要知道，如果你的仇人知道你对他的怨恨使你精疲力竭，使你疲倦而紧张不安，使你受到伤害，使你得心脏病，甚至可能使你短命的时候，他们不是会拍手称快吗？

因此，即使你不能爱你的仇人，至少也要爱你自己，要使仇人不能

控制你的快乐、你的健康。就如莎士比亚所说的:"不要因为你的敌人而燃起一把怒火,热得烧伤你自己。"

你也许不能像圣人般去爱你的仇人,可是为了你自己的健康和快乐,你至少要忘记他们,这样做实在是很聪明的事。艾森豪威尔将军的儿子约翰说:"我父亲不会一直怀恨别人,我父亲从来不浪费1分钟去想那些不喜欢的人。"

在加拿大杰斯帕国家公园里,有一座可算是西方最美丽的山,这座山以伊笛丝·卡薇尔的名字为名,纪念那个在1915年10月12日像军人一样慷慨赴死、被德军行刑队枪毙的护士。她犯了什么罪呢?因为她在比利时的家里收容和看护了很多受伤的法国、英国士兵,还协助他们逃到荷兰。在10月的那天早晨,一位英国教士走进军人监狱——她的牢房里为她作临终祈祷的时候,伊笛丝·卡薇尔说了两句不朽的话语:"我知道光是爱国还不够,我一定不能对任何人有敌意和恨。"4年之后,她的遗体转移到英国,在西敏寺大教堂举行安葬大典。人们常常到国立肖像画廊对面去看伊笛丝·卡薇尔的那座雕像,同时朗读她这两句不朽的名言。

托尔斯泰曾经讲过这样一个故事:有位国王想励精图治,如果有3件事可以解决,则国家立刻可以富强。第一件事是如何预知最重要的时间;第二件事是如何确知最重要的人物;第三件事是如何辨明最紧要的事情,于是群臣献计献策,却始终不能让国王满意。

于是,国王只好去问一位极为高明的隐士,隐士正在垦地,国王问这3个问题,恳求隐士给予指点,但隐士并没有回答他。隐士挖土累了,国王就帮他继续干。天快黑时,远处忽然跑来一个受伤的人,于是国王与隐士把这个受伤的人先救下来,裹好了伤口,抬到隐士家里。翌日醒来,这位伤者看了看国王说:"我是你的敌人,昨天知道你来访问隐士,我准备在你回程时截击,可是被你的卫士发现了,他们追捕我,

我受了伤逃过来却正遇到你。感谢你的救助，也感谢你让我知道了这个世界上最宝贵的东西，我不想做你的敌人了，我要做你的朋友，不知你愿不愿意？"国王听了微笑着说："我当然愿意。"

国王再去见隐士，还是恳求他解答那3个问题。隐士说："我已经回答你了。"国王说："你回答了我什么？"隐士说，"你如果不怜悯我的劳累，因帮我挖地而耽搁了时间，你昨天回程时就被你的敌人杀死了。你如果不怜恤他的创伤并且为他包扎，他就不会这样容易地臣服你。所以你所问的最重要的时间是'现在'，只有现在才可以把握。你所说的最重要的人物是你'左右的人'，因为你立刻可以影响他。而世界上最重要的是'爱'，没有爱，活着还有什么意思？"

学着宽恕吧，遇事忌恨别人的人，往往不能从被伤害的阴影中平安归来，痛苦总是如影随形，受伤害的反而是自己。因此，你一定要尽己所能地宽恕别人，这样做也正是在宽恕自己。

◆ 万物因宽容而繁荣

宽容的是别人，受益的却是自己。在学习和生活中，如果你能长存宽容、仁爱的心态，那么你将因此受益一生。

"宰相肚里能撑船。"拥有这样胸襟的人才能得到世人的尊重和钦佩。世界因为宽容而存在，万物因宽容而繁荣，作为人类，更要学会宽容。综观历史，曾经叱咤风云的大人物无一不是有一颗宽广的胸怀，能容他人所不能容而名扬世界。

林肯曾用爱的力量在历史上写下了永垂不朽的一页。当林肯参选总统时，他的强敌斯坦顿为某些原因而憎恨他，斯坦顿想尽办法在公众面

前侮辱他，又毫不保留地攻击他的外表，故意用话使他窘困。尽管如此，当林肯获选为美国总统时，须找几个人当他的内阁，与他一同策划国家大事，其中必须选一位最重要的参谋总长，他不选别人，却选了斯坦顿。

当消息传出时，一片喧扰，街头巷尾议论纷纷。有人对他说："恐怕你选错人了吧！你不知道他从前如何诽谤你吗？他一定会扯你的后腿，你要三思而后行啊！"林肯不为所动地回答他们："我了解斯坦顿，我也知道他从前对我的批评，但为了国家的前途，我认为他最适合这份职务。"果然，斯坦顿为国家及林肯做了不少的事。

过了几年，当林肯被暗杀后，许多颂赞的话语都在形容这位伟人，然而，所有颂赞的话语中，要算斯坦顿的话最有分量了，他说："林肯是世人中最值得敬佩的一位，他的名字将流传万世。"

宽容是化解仇恨的最佳武器，能融化世上最冷酷的心，能遮掩一切过错。宽容使人不再受到怨恨的捆绑，从而能享受心灵真正的自由。

英国首相丘吉尔在执政期间尽力为民且为人高尚，深受民众的拥护和爱戴。但是丘吉尔的某些做法也损害了一些人的利益，使得他们对丘吉尔颇有微词。

有一次，丘吉尔去参加一个重要会议，在会议上有一位女士对丘吉尔不留情面地破口大骂，说："如果我是你太太，我一定会在你的咖啡里下毒！"会议上的气氛立刻紧张起来，与会人员都望着丘吉尔，想知道他会怎样应付这个突发事件，只见丘吉尔微笑着答道："如果你是我太太，我一定将此咖啡一饮而尽。"大家不由地都在心中为他喝彩。

人生在世，难免会受到别人的批评与指责。如果你被批评，那是因为批评你的人会获得一种重要感，这也说明你有成就，而且是引人注意的，所以你根本没有必要去生气。与其气呼呼地去跟人争辩、理论，倒不如用幽默之语、宽容之心将对方的批评与指责化解。

美国一位来自伊利诺伊州的议员康农在初上任时的一次会议上受到了另一位代表的嘲笑:"这位从伊利诺伊州来的先生的口袋里恐怕还装着燕麦呢!"

这句话是讽刺康农还没有挣脱农夫的气息。虽然这种嘲笑使他非常难堪,但也确有其事。这时康农并没有让自己的情绪失控,而是从容不迫地答道:"我不仅在口袋里装有燕麦,而且头发里还藏着草屑。我是西部人,难免有些乡村气,可是我们的燕麦和草屑却能生长出最好的苗来。"

面对他人的嘲笑,康农并没有恼羞成怒,而是很好地控制了自己的情绪,并且就对方的话"顺水推舟",作了绝妙的回答,不仅自身没有受到损失,反而使他从此闻名于全国,被人们恭敬地称为"伊利诺伊州最好的草屑议员"。

学会宽容是处世的需要。世间并无绝对的好坏,而且往往正邪与善恶交错,所以我们立身处世有时也要有清浊并容的雅量。待人宽容不仅使指责你的人达不到预期的目的,而且还向世人彰显了你的大度,何乐而不为呢?

因此,我们证明自己比别人强的一个有力的筹码就是:我们有容人之量。

◇ 和生爱,爱则祥

放下心中的一切仇怨,宽恕曾经对不起我们的人,理智处理让你抓狂的每一件事,让这世界充满爱、充满祥和。

若是狂风暴雨来袭,飞禽走兽便会感到哀伤忧虑、惶惶不安;若是晴空万里的日子，则草木茂盛、欣欣向荣。由此可见，天地之间不可以一天没有祥和之气，而人的心中则不可以一天没有喜悦的神思。天底下有能耐的好人本来就不多，我们应该想着同心协力为社会多作贡献，不能因为各自的思想方法不同、性格上的差异甚至微不足道的小过节而互相诋毁、互相仇视、互相看不起。古人说："二虎相争，必有一伤。"这样对谁都没有好处，凡事都要宽容大度，得饶人处且饶人。

宋朝的王安石和司马光十分有缘，两人在公元1019年与1021年相继出生，年轻时，都曾在同一个机构担任完全一样的职务。两人互相倾慕，司马光仰慕王安石绝世的文才，王安石尊重司马光谦虚的人品，在同僚中间，他们俩的友谊简直成了某种典范。

然而，王安石和司马光的官越做越大，心胸却慢慢地变得狭窄起来，相互唱和、互相赞美的两位老朋友竟反目成仇。倒不是因为解不开的深仇大恨，人们简直不敢相信，他们是因为互不相让而结怨。两位智者名人成了两只好斗的公鸡，雄赳赳地傲视对方。有一回，洛阳国色天香的牡丹花开，包拯邀集全体僚属饮酒赏花，席间包拯敬酒，官员们个个善饮，自然毫不推让，只有王安石和司马光酒量极差，待酒杯举到司马光面前时，司马光眉头一皱，仰着脖子把酒喝了，轮到王安石时，王执意不喝，全场哗然，酒兴顿扫，于是司马光大有上当受骗、被人小看的感觉，于是喋喋不休地骂起王安石来。一个满脑子知识智慧的人一旦动怒，开了骂戒，比一个泼妇更可怕。王安石以牙还牙，狠狠地痛骂司马光，自此两人结怨更深，王安石因此获得了一个"拗相公"的称号，而司马光也没给人留下好印象，他忠厚宽容的形象大打折扣，以致苏轼都骂他，给他取了个绰号叫"司马牛"。

到了晚年，王安石和司马光对他们早年的行为都有所后悔，大概是人到老年，与世无争、心境平和、世事洞明，可以消除一切拗性与牛脾气。王安石曾对侄子说，以前交的许多朋友都得罪了，其实司马光这个

人是个忠厚长者。司马光也称赞王安石，夸他文章好、品德高，功劳大于过错，仿佛是又有一种约定似的，两人在同一年的5个月之内相继归天，天国是美丽的，"拗相公"和"司马牛"尽可以在那里和和气气地做朋友、吟诗唱和了，什么政治斗争、利益冲突、性格相违已经变得毫无意义了。

朋友之间相处，需要用"和气"来化解彼此之间的矛盾。人和人都是不同的，对于性格、见解、习惯等方面的相异要以和为重，"疾风暴雨、迅雷闪电"会影响朋友之间的关系，甚至导致友谊破裂、反目成仇；和气面对彼此的不同，进而欣赏对方的优点，则对方也会对你加以赞美。这样一来，你们的"祥"和"瑞"也就更多了。

◇ 以爱对恨，恨自然会消失

对于他人的恶意，只要不是原则性的大事，我们与其与之针锋相对，莫不如任他去"撒泼"。须知，世事到头终有报，过不了多久，你便可见"忍"与"逞"的区别。

世上有许多灾祸、矛盾的起因可能都是些微不足道的小事，只因彼此针锋相对，谁也不肯吃亏，才会将问题升级，演变得不可收拾，这其中因口角之争而引发无穷祸患的例子不在少数。如果此时可以退让一步，其实是可以将祸患化于无形的。

唐开元年间有位梦窗禅师德高望重，既是有名的禅师，也是当朝国师。

有一次，梦窗禅师搭船渡河，渡船刚要离岸，远处走来一位骑马佩刀的武士大声喊道："等一等，等一等，载我过河。"他一边说一边把

马拴在岸边，拿着马鞭朝水边走过来。

船上的人纷纷说："船已离岸，不能回头了，干脆让他等下一回吧。"船夫也大声回答他："请等下一回吧。"武士急得在岸边团团转。

坐在船头的梦窗禅师对船夫说："船家，这艘船离岸还没多远，你就行个方便，掉过船头载他过河吧。"船夫见梦窗禅师是位气度不凡的出家人，便听从了他的话，把船驶了回去，让那位武士上了船。

武士上船后就四处寻找座位，无奈座位都满了，这时他看到了坐在船头的梦窗禅师，便拿马鞭抽打他，嘴里还粗野地骂道："老和尚，走开点儿把座位让给我！难道你没看见本大爷上船了？"这一鞭正好打在梦窗禅师的头上，鲜血顺着他的脸颊汩汩地流了下来，梦窗禅师一言不发地起身把座位让给了蛮横的武士。

这一切被船上的乘客们看在眼里，大家既害怕武士的蛮横，又为禅师的遭遇抱不平，就窃窃私语：这个武士真是忘恩负义，要不是禅师请求，他能搭上船吗？现在他居然还抢禅师的位子且动手打人，真是太不像话了。武士从大家的议论中明白了事情的缘由，心里十分惭愧，可是又拉不下面子去认错。

等船到了对岸，大家都下了船，梦窗禅师默默地走到河边，用水洗掉了脸上的血污。

那位武士再也忍受不了良心的谴责，上前跪在禅师面前忏悔道："禅师，我错了，对不起。"禅师心平气和地说："不要紧，出门在外难免心情不好。"

很多时候我们发脾气、与别人发生冲突都只是因为一念之差，如果当时能把火气压制住，让自己的头脑冷静一下，或许就不会产生纠纷了。但遗憾的是，人们往往因为惯有的习气而不能宽容别人，结果造成了许多不必要的麻烦。

须知，隔阂一旦形成就很难再消除，所以对于那些无谓的琐事，我

二 仇怨劳心伤神，你可以选择宽容

65

们不妨"糊涂"一些，权当不知，这样对你、对他人而言都可以说是一件幸事。

汉朝的吕蒙正刚任参知政事（副宰相），一天，正准备上朝时，有一位官吏躲在门帘后头说："就是这个不学无术的小子当上了参知政事呀？"吕蒙正假装没听见就走过去了。与吕蒙正同在朝廷的大臣非常愤怒，下令责问那个人的官位和姓名，吕蒙正急忙制止，不让查问。下朝以后，那些大臣仍然愤愤不平，后悔当时没有彻底查问，但是吕蒙正则说："一旦知道那个人的姓名，我就一辈子也不会忘记了，会始终记着他说过我的坏话，倒不如不知道他是谁为好，这样对我来说也没有什么损失。"当时的人都很佩服吕蒙正的度量。

吕蒙正的同窗好友温仲舒与其同年中举，然而温仲舒因在任上犯案被贬多年，吕蒙正成为宰相以后，怜惜他的才能，便向皇上举荐温仲舒。后来，温仲舒为了在皇上面前显示自己的才能，竟常常刻意贬低吕蒙正，甚至在吕蒙正触逆"龙鳞"之时还不忘落井下石。当时，朝臣们都很看不起温仲舒的为人。

有一次，吕蒙正在夸赞温仲舒的才能，太宗皇帝突然问道："你一直对他夸赞有加，可是他却经常将你说得一钱不值，难道你真的一点儿也不介意？"

吕蒙正笑了笑："陛下既然把我放在了这个位置上，就一定知道我懂得如何欣赏别人的才能，并能让他才当其任。至于别人在背后怎么议论我，又岂是我职权之内所管的事情呢？"太宗闻言龙颜大悦，从此更加敬重吕蒙正的为人。

我们在生活中可能遇到类似的情形，可能是别人不怀好意的侮辱，也可能是出于误解，甚至是平白无故的批评。如果我们不肯忍耐，非要计较个一清二白，或许反而会把事情弄得更糟。

其实，即使一个非常宽容的人也往往很难容忍别人对自己恶意的诽

谤和致命的伤害。但唯有以德报怨，把伤害留给自己才能赢得一个充满温馨的世界。释迦牟尼说："以恨对恨，恨永远存在；以爱对恨，恨自然消失。"

面对那些无意的伤害，宽容对方会让对方觉得你心胸的博大，可以消除无心人对你造成伤害后的紧张，可以很快愈合你们之间不愉快的创伤。而面对那些故意的伤害，你博大的心胸会让对方无地自容，因为宽容对方体现出的是一种境界。宽容是对怀有恶意者最有效的回击，不管别人有意还是无意伤害了你，其实他的内心也会感到不安和内疚，或许是因为碍于所谓的"面子"而不肯认错，而你的宽容则会使彼此获得更多的理解、认同和信任。你难免也有犯错的时候，并会因为犯错而觉得担心、不知所措，希望对方能原谅自己，同时也会对自己的缺点忐忑不安，不希望被别人看不起。所以就要站在对方的角度考虑，当自己遇到不原谅别人错误的人会怎么想。

事事计较是不会有什么结果的，已经发生了的事情不会有任何改变，也不能扭转任何已经发生了的事情。以宽容的态度待人，以理解作为基础，站在客观的角度给人评价，可以从别人身上学到自己所没有的长处和优点，也能使自己对对方的不足给予善意的充分理解。在日常生活中，会时常有如何要求别人以及如何对待自己的问题的时候，能否把握好一个律己和待人的态度，不仅能充分反映出一个人的修养，还能培养与人之间的良好关系。

◆ 爱心如冬日的暖阳

宽容自己是一种智慧。宽容自己就是正确对待和善待自己，尤其是对自己的过失不要总是揭开伤口折磨自己，长期在阴影里咀嚼自己的痛

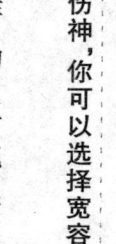

苦，长期耿耿于怀，把心情弄得十分糟糕。面对自己的过失就是战胜了自己，如此就能拿得起，放得下，调整心态，忘记过去，放下包袱轻装上阵，让自己的心境变得愉悦起来、鲜活起来、明亮起来。

不能饶恕是一块巨大的坚冰，它会冻结你的心，让你变得越来越冷漠，无法感受生活的快乐。而爱心就是最火热的熔炉，只要你愿意更多地付出爱心，就一定会打破冷漠，拥有更多的快乐。

一个小男孩和小朋友们一起在草地上玩耍，突然，旁边的一个小伙伴跑过来推了他一下，他顺势倒地，膝盖擦破了一大块，那个小伙伴却蹦蹦跳跳地拉着其他的小伙伴跑远了。他哭着走回了家，从此，心里便结了一层冰，他拒绝与那个小伙伴和他一起玩。长大之后，谈了 6 年的女友突然提出和他分手，并投入了别人的怀抱。

他伤心欲绝，心里的冰更厚了，工作越来越不顺手了，评优的时候，他落榜了，于是他怨天尤人，他的心被冰冻了，他觉得活在这个世界上已经毫无意义了，他决定悄悄地离开这个世界。在一个夜深人静的夜晚，他喝了一瓶安定，躺在床上安静地睡去，醒来时发现自己正睡在医院的病房里，一位护士告诉他有严重的胃溃疡，并说医院里有个可怜的年轻女病人，情绪悲观低落，如果他能写一些情书给她，或许可以使她振作起来。青年人开始给她写第一封信，接着，第二封……信中，他假称曾经匆匆地见过她一面，从那时候起，他一直都忘不了她。他提议，待到他俩都痊愈了，也许他们能结伴到公园去散步。

写信给他带来了欢乐，很久没有感受过的欢乐，他开始渐渐地康复。他写了许多信，不久，他能生气勃勃地在病房里踱步了。又过了段时间，医生通知他马上就可以出院了。

但他感到有点儿失望，因为他还未见过那位女病人。给所倾慕的人写信使他看到了活下去的希望，他想见她，哪怕见一面也好。

他请求护士允许自己到那位少女的病房去探望她,护士同意了,并告诉他病房号。但是,当他找到那间病房时,却发现没有这样一位少女。

这时,他才了解到事情的真相:那位护士竭尽全力使他恢复了健康。当她看到他悲观失望,察觉到他对每个人的苛求、怨恨的心理,她认识到这个青年人所需要的是"人生的希望",希望能使他振奋,帮助他战胜自己。她深知,对于一位病友,对于一位同病相怜的少女的同情和关怀能唤起青年人对生活的渴望。于是,她为他虚构了一位不幸的少女,正是这位虚构的少女将他从精神沉沦中拯救出来。

从此,他的心里感觉到有一种暖暖的东西流遍全身,心里的冰开始融化,心情也慢慢地好起来了。在以后的日子里,因为他的笑脸和热心,他周围的朋友也多了起来,还找到了一个不错的女朋友,工作也渐渐有了起色。有一天,他突然发现阳光很明媚、女友很美、同事很友善、朋友很可靠……活得很愉快。

由此可见,爱心就像冬日里的暖阳、夏日里的凉风,拥有了它,你就可以拥有更多的快乐,让自己的人生更加美好。

◇ 得饶人处且饶人

一个人的一生中不可能没有失误,也不可能不犯错误,能容人之错,使其有改过的机会,则可称为贤者。

在中国几千年的历史文化中,成人之美俨然已经成为有德之人倍加推崇的一项做人准则,故有"君子成人之美,不成人之恶"一说。在古代君子们看来,"美事"未必非属于我不可,成他人之美亦是成我之

美,而"成人之恶"则是一种罪大恶极的行为,誓为君子所不容。

诚然,将古代君子的思想放在"计划没有变化快"的当代社会或许会有几分偏颇,但其本质上的要义对我们修身养性、为人处世还是有很大益处的。当有人冒犯我们时,只要不是出自恶意,不是重大原则性的问题,我们就不妨"成其之美"一回,取其大节,宥其小过,以春雨润物之势俘获对方的身心,这样做显然会令你收获颇丰。

早在唐朝时期,有一个名为谢原的才子擅辞赋,犹以歌词见长,所做歌词广泛流传于民间。

有一年,谢原应张穆王之邀前去做客。席间,张穆王命小妾谈氏隔帘弹唱,事有凑巧,谈氏所唱之曲正是谢原的一首竹枝词。张穆王见谢原听得如痴如醉,便将谈氏请出与他相见。

谢原见谈氏风华绝代,又对自己的词作甚为推崇,遂心生爱慕之情。于是,他起身说道:"能闻夫人弹唱拙词,在下不胜荣幸,但夫人所唱之词实为在下粗浅之作,恐辱没夫人。我当竭心再作几首好词,以备府上之需。"

翌日,谢原即奉上新词8首,谈氏将其逐一谱曲弹唱,谢原更感觉相见恨晚。此后数日,谢原与谈氏词曲往来,情愫渐生。终于有一日,谢原隐忍不住,向谈氏道出了渴慕之情。谈氏虽也有意,但无奈已为人妾,身不由己,于是,谢原甘冒杀头之罪,请求张穆王成全他二人。

在正常情况下,若换做别人,必然拍案而起、动雷霆之怒,然而,张穆王却一笑了之:"其实我也有此意,虽然心中尚有几分不舍,但你二人一擅作词,一擅谱曲,珠联璧合,实乃天造地设的一对。"

谢原万没有想到张穆王竟如此大度,不禁感恩戴德。作为报答,他将此事写成词,由谈氏谱曲,二人四处传唱。没过多久,张穆王成人之美的美名便在中原大地上传唱开来,很多有识之士闻讯都前来投奔。

张穆王的气度与胸怀为他赢得了天下才子的"芳心",更赢得了千

载的美名，显然他是非常睿智和高明的。我们做人也应以此为榜样，当然，未必把自己的妻子让与他人，但对于部下或同事的失误，我们最好不要抓住不放、小题大做、四处宣扬，而应取大节，以诚感人、用"爱语"纠错，这样自会起到"润物细无声"的效应。

其实，每一个人都会犯错，每一个人犯错时，内心多少都会感到惶恐与不安，都会带有几分愧疚与歉然，此时如果我们再求全责备，则势必会引起对方的不快，甚至会激起他的逆反心理，若如此，世上则无人才可用。所以，人生修为达到一定境界的人，大多会视情况采用柔忍的策略，用柔和之词去启发、劝导他纠正错误。这样一来，失误者便会对其心悦诚服、心存感激。

公元前606年，楚庄王率领军队一举平定了斗越椒的反叛，天下太平。楚庄王兴高采烈地设宴招待大臣，庆祝征战胜利并赏赐功臣。

文武百官都在邀请之列，只见席中觥筹交错，热闹异常。到了日落西山的时候，大家似乎还没有尽兴，楚庄王便下令点上烛火，继续开怀畅饮，并让自己最宠幸的许姬来到酒席上为在座的宾客斟酒助兴。文武官员都已经喝得差不多了，见到许姬的美貌便忍不住多看了几眼，有些人就动了心。

突然，外面一阵大风吹来，宴席上的烛火熄灭了，黑暗之中有人伸手扯住了许姬的衣裙，抚摸她的手。许姬一时受到惊吓，慌乱之中用力挣扎，不料正抓住了那个人的帽缨。她奋力一拉，竟然扯断了。她手握那根帽缨，急忙走到楚庄王身边，凑到楚庄王耳边委屈地说："请大王为妾做主！我奉大王的旨意为下面的百官敬酒，可是不想竟有人对我无礼，乘着烛灭之际调戏我。"

楚庄王听后，沉默不语。许姬又急又羞，催促他："妾在慌乱之中抓断了他的帽缨，现在还在我手上，只要点上烛火，是谁干的自然一目了然！"说罢，便要掌灯者立即点灯。

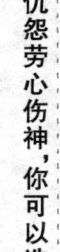

楚庄王赶紧阻止，高声对下面的大臣说："今日喜庆之日难得一逢，寡人要与你们喝个痛快。现在大家统统折断帽缨，把官职帽放置一旁，毫无顾忌地畅饮吧。"

众大臣见大王难得有这样的好心情，都投其所好，纷纷照办。等一会儿点烛掌灯，大家都不顾自己做官的形象，放开架势，尽情狂欢，后来人们都管这场宴会叫"绝缨会"。

许姬对楚庄王的举措迷惑不解，仍然觉得委屈，便问："我是您的人，遇到这种事情，您非但不管不问，反而还替侮辱我的人遮丑，您这不是让别人耻笑吗？以后怎么严肃上下之礼呢？妾心中不服！"

楚庄王笑着劝慰说："虽然这个人对你不敬，但那也是酒醉后出现的狂态，并不是恶意而为。再说我请他们来饮酒，邀来百人之欢喜，庆祝天下太平，又怎么能扫别人的兴呢？按你说的去做，也许可以查出那个人是谁。但如果今日揭了他的短，日后他怎么立足呢？这样一来，我不就失去一个得力助手了吗？现在这样不是很好吗？你依然贞洁，宴会又取得了预期的效果，那人现在说不定也如释重负了。"

许姬觉得楚庄王说得有理，考虑得也很周全，就没有再追究。

两年后，楚国讨伐郑国，主帅襄老手下有一位副将叫唐狡，毛遂自荐，愿意亲自率领百余人在前面开路。他骁勇善战，每战必胜，出师先捷，很快楚军就得以顺利进军。楚庄王听到这些好消息后，要嘉奖唐狡的战绩，唐狡站在楚庄王面前腼腆地说："大王昔日饶我一命，我唯有以死相报，不敢讨赏！"

楚庄王疑惑地问："我何曾对你有不杀之恩？"

唐狡说："您还记得'绝缨会'上牵许姬手的人吗？那个人就是我呀！"

所谓人无完人，对人我们不能苛求完美。用人时要扬人之长，避人之短；对有过失的人，哪些能用、哪些不能用，要因人而异，不可一概

而论，更不能求全责备、以短盖长。现实生活中，对人同样如此。只有这样，才能让许多有才能、有智慧的人团结在你的周围，帮助你成就事业。

◆ 大肚能容，了却人间多少事

人生在世，我们要做到忍受常人所不能忍受的，宽容常人所不能宽容的，处理别人所不能处理的。只有心胸开阔，才可以宽容他人；只有忠厚仁义，才可以容纳万物。

天空可以收容每一片云彩，无论其美丑，所以天空辽阔无边；泰山能容纳每一块石砾，不论其大小，所以泰山一览众山小；江海不择细流，故而能就其深；人若能容他人所不能容，则必是人中之佛。

有这样一副楹联：满腔欢喜，笑开古今天下愁；大肚能容，了却人间多少事。没错，它说的就是弥勒佛，见过弥勒佛的人，往往都会陶醉于弥勒菩萨无与伦比的朗笑，更羡慕他的超级大肚子，但又有几人能够参透其中的禅意呢？

弥勒菩萨容人所不能容，容尽天下苍生，这是何等伟大的胸怀。这才是宽容的真谛，更是一种令人感动的仁爱。亦如法国作家雨果所说："世界上最宽广的是海洋，比海洋更宽广的是天空，比天空更宽广的是人的胸怀。"我们或许无法做到如佛祖那般博大，但至少我们可以为自己的心灵创设一种大格局，忍人所不能忍，容人所不能容，若如此，则我们必能处人所不能处。

你若能容下这个世界，这个世界也能容下你。若你不用心挤兑这个世界，这个世界也不会挤兑你的心。这个世界是宽广的，若你的心跟它

一样宽广,你肯定会"量大福大",至少你的心灵会是幸福的。大肚弥勒佛之所以深得人心,并且自己也能常葆快乐,就在于他心量广大,能容天下难容之事。那么在现实生活中,我们能否真正找到心量广大的普通人呢?能,因为能容,所以他也变得并不普通。

在河南省方城县,11年前,当打工汉孔某沉浸在喜得千金的兴奋中时,妻子张某却告诉了他一个残酷的事实:这个新生命是她和别人的孩子!经过一番痛苦的挣扎,孔某最终宽容了妻子,并将孩子视为己出。然而,11年后,这个孩子却患了白血病,生命告急,孔某能够做出惊人之举,允许妻子再次怀上旧情人的孩子,用脐血干细胞挽救第一个孩子的生命吗?一方面是有悖传统道德的"奇耻大辱",另一方面是对11岁花季少女生命的无私拯救,孔某的一颗平常而博大的心,被亲情和伦理这两条绳索揪紧了。

2003年4月10日上午,并非孔某亲生女儿的小华(化名)在学校突然晕倒,到医院诊病,结果确诊小华患的是要命的淋巴性白血病。

医生对孔某夫妇说,要想治好小华的病,需要张某再生个孩子,用新生儿的脐血挽救小华,这就意味着张某必须与旧情人再生一个孩子,这怎么可能呢?妻子张某痛苦地低下了头,孔某更是痛苦万分:本来小华就不是自己的骨肉,怎么能再要一个又不是自己骨肉的孩子呢?

经过反复思考,孔某作出了一个令人难以置信的决定:让张某与旧情人再生一个孩子救小华。然而,这个决定遭到了张某的坚决反对:"10多年来,我们早就没有了任何来往,况且双方都已有家室,你让我怎么跟他讲?再说,我至死都不想让他知道小华是他的亲生女儿,我更不能再做对不起你的事啊!"

"生命高于一切,为了小华的生命,请你好好考虑考虑吧!"孔某诚恳地对张某说。张某又何尝不想救女儿呢?只是她万分珍惜与孔某的感情,实在不愿让这份感情再受到任何玷污了。

考虑了3天，张某觉得自己无论如何都不可能再和旧情人有什么瓜葛。如果能用其他的方法与他再生一个孩子，倒还可以考虑。与孔某商量后，夫妇俩坦率地把自己的隐私对大夫讲明了，大夫说："你们可以采用人工授精的方法怀孕，这样也能使孩子获救。"

2004年春节前夕，孔某找到并说服了任某，使任某答应献出精子。

2004年3月，医生为张某做了特殊的人工授精手术，手术做得很顺利，一个多月以后，张某就怀孕了。看着妈妈渐渐隆起的肚皮，小华知道新的小生命与自己的生命紧紧相系，久违的笑容再一次回到了她的脸上。

2005年1月5日，张某在县妇幼保健院顺利产下一个女婴。生产以后，孔某当即带上装在保温箱里的一段脐带，到省人民医院做配型化验。1月11日，从郑州传来喜讯，配型成功。2月7日，张某刚刚坐完月子，孔某和她就带着两个女儿到医院找到了大夫，大夫马上安排孩子住院。观察7天后，为小华做了亲体配型脐血干细胞移植手术。手术进行了两个半小时，非常成功。住院观察期间，小华未出现大的排异反应，于3月11日痊愈出院，小华稚嫩的生命终于又重新扬起了希望的风帆。

显然，孔某就这样承受了有悖传统伦理的"奇耻大辱"，奉献了拯救孩子生命的大爱，尽管他因此陷入了难言的尴尬和隐痛，但他的人生却因此显现了人性的光芒，令人肃然起敬。即便人们知道了其中的隐情，谁还能忍心讥讽他？因为任何人都难以做到，所以，能做到的人才最值得别人去尊敬和赞美。

◆ 秉承宽容之心迈向成功

大海正因为它极谦逊地接纳了所有的江河，才有了天下最壮观的辽阔与豪迈。我们应该像海一样宽容，因为那不是无奈逃避，不是无力退缩，不是无原则地忍让，而是力量和智慧的和谐统一。宽容是一种胸怀、一种素养、一种气魄、一种境界、一种风度、一种财富。

宽容常被看成软弱、虚伪、窝囊、保守。如果你也是这么认为，下面将为你推荐的这段小故事会让你对宽容有全新的认识。

一只河蚌安逸地住在河里，无忧无虑，与世无争。一天，一粒沙子闯进它的身体，沙子在河蚌的肉体里蠕动，因摩擦造成的疼痛让河蚌撕心裂肺，赶不走又吐不出沙子，只有用自己分泌的"心血"去宽容沙子。天长日久，沙子变成一颗珍珠，疼痛消失了，宽容痛苦的结果使河蚌的身价倍增。

拿破仑·希尔曾经与全体同事一起拟定公司的使命宣言，留下了相当美好的回忆。他们聚集于山间，沉浸在大自然的美景之中。起先，会议进行得中规中矩，等到自由发言时，却百家争鸣，反映极为热烈，只见共识逐步成形，最后形诸文字，成为这么一则使命宣言：本公司旨在大幅提升个人与企业的能力，并且认知与实践以原则为中心的领导方式，达到值得追求的目标。

又有一次，拿破仑·希尔应一家大型保险公司之邀，主办当年度的企划会议。与筹备人员初步交换意见后，他发现以往的筹备方式是先以问卷调查或访谈设定4～5个议题，然后由与会主管发表意见。通常会议进行得井然有序，却了无新意，只不过偶尔出现相持不下的激烈

场面。

经过拿破仑·希尔强调集思广益的优点，他们尽管有些不放心，仍同意改变形式，先由各主管以不记名方式针对主要议题提出方面报告，然后汇集成册，要求主管在会前详细阅读，了解所有的问题与不同的观点。如此一来，会议的重头戏不再是批评与辩护，而是聆听与集思广益。

在两天的会议期间，第一天上午，他们研习本书的准则4、5、6，其余时间则专注于集思广益的讨论。会议不再令人感到无聊，人人都表现得很积极。到了会议的尾声，经由脑力激荡，大家对公司面临的主要挑战有更深一层的认识，所有的意见都受到重视，新的共识逐步成形。

生活中，对于许多事不妨去多考虑几个如果，用一个博大的胸怀去宽容苦难和伤痛。河蚌宽容沙子，使它变成高贵的珍珠，同样，我们宽容生活中的苦难和伤痛也会结出美丽的果实。

有了宽容，即使在波涛汹涌的大海上也会找到温柔的避风港，人便会沉静下来；即使在充满荆棘的森林里也会出现希望的曙光，人便会找对前进的方向；即使在危机暗伏的沼泽中也会有人搭桥救你。有了宽容，你就拥有了睿智、气量和不断完善自己的动力。宽容是一种大智慧，去爱别人也尊重自己，为人需要一颗宽容的心。

然而，宽容也是有限度的，只有懂得什么该宽容、什么不该宽容，才是真正的成熟。

彩虹为什么如此灿烂？因为它宽容了阳光的7种颜色；大海为什么如此浩瀚，因为它宽容了无以尽数的水滴；大地为什么如此富饶，因为它宽容了万物的根基。学习也是一样，只有每天学习大量的知识，才能充实我们的头脑。有些人之所以学识渊博、学有建树，也是在学习他人知识的基础上的再发展。相反，如果我们不肯接受外来信息，在如今的信息时代就只会思想滞后，变成"老古董"。历史上的"贞观之治"，

正是因为唐太宗宽容了魏征耿直的性格，不管忠言逆耳与否，有了这样的气度，才成就了大唐稳固的江山。而唐玄宗沉迷于声色，哪能宽容民生的疾苦，便只能使唐朝慢慢衰败下去。庄子的思想宽容了宇宙万物，以至于他的文章妙笔生花、气象万千，"先秦诸子莫能先也。"饱读诗书，读书破万卷，因此杜甫宽容了众家之长，才有了"下笔如有神"的功力。海纳百川，有容乃大，长江宽容了沿途的小河流，才汇成滚滚东逝的长江水；珠穆朗玛峰宽容了青藏高原的高度，才成为屹立在东方的世界之巅。学会宽容使我们更丰满，学会宽容使我们更自信地走向成功。

可是，一味地宽容可不可行呢？

当我们做饭时，米里容进了沙粒，我们能任它硌我们的牙吗？儿子犯了法，做母亲的为了亲情，能宽容儿子的犯罪吗？当我们犯了错误，是不是需要别人来宽容自己，不批评、不指正，任我们一错再错，最终酿成大患？针对这些情况，我们的态度应该是斩钉截铁的。米里的沙子一定要淘掉，不然会破坏我们整顿饭的雅兴。儿子犯法，母亲绝不能宽容，如若儿子这次逃脱了法律的制裁，下次一定还会犯罪。别人的缺点和错误我们可以宽容，对自己的错误不管不问就是不负责任，应该做到"严以律己，宽以待人"。

蚌类宽容沙石是为了育出耀眼的明珠；天空宽容云雨是为了气象的变幻万千；我们宽容不同的观点是为了取长补短、提高自己。

然而，眼里总容不得沙子，我们的宽容并不是一并宽纳，而是有选择的，应该宽容的可以宽容，不该宽容的我们绝不动摇我们的态度。让我们辨清曲直，学会宽容吧。

四
烦恼无尽无穷,你可以选择释然

我们对生活有太多的抱怨,太多的疑惑,由此引发了太多的烦恼,这似乎无可避免。但是,你可以选择以一颗平静的心去面对这一切,用一颗释然的心去品味人生。有时,同一件事,不同心态的人会给人以不同的感受,换个角度去思考问题,一定会令你获益匪浅。

◇ 以积极的心态面对每一天

无论是快乐或是痛苦，过去的终归要过去，强行将自己困在回忆之中，只会让你备感痛苦。无论明天会怎样，未来终会到来。若想明天活得更好，你就必须以积极的心态去迎接它。你要知道，太阳每天都是新的。

"After all, tomorrow is another day."相信每一个读过美国作家玛格丽特·米切尔的《飘》的人，都会记得主人公思嘉丽在小说中多次说过的话。在面临生活困境与各种难题的时候，她都会用这句话来安慰和开脱自己，"无论如何，明天又是新的一天。"并从中获取巨大的力量。

和小说中思嘉丽颠沛流离的命运一样，我们一生中也会遇到各种各样的困难和挫折。面对这些一时难以解决的问题，逃避和消沉是解决不了问题的，唯有以阳光的心态去迎接才有可能最终解决。具有阳光心态的人每天都拥有一个全新的太阳，积极向上，并能从生活中不断汲取前进的动力。

克瓦罗先生不幸离世了，克瓦罗太太觉得非常颓丧，而且她的生活瞬间陷入了困境。她写信给以前的老板布莱恩特先生，希望他能让自己回去做以前的工作。她以前靠推销世界百科全书生活。两年前她丈夫生病的时候，她把汽车卖了，于是她勉强凑足了钱，分期付款才买了一部旧车，又开始出去卖书。

她原想，再回去做事或许可以帮她解脱自己的颓丧，可是要独自驾车，独自吃饭，几乎令她无法忍受。在有些区域简直做不出什么成绩

来，虽然分期付款买车的金钱数目不大，却很难付清。

第二年的春天，她在密苏里州的维沙里市，见那儿的学校都很穷，路很坏，很难找到客户，她一个人又孤独又沮丧，有一次甚至想要自杀。她觉得成功是不可能的，活着也没有什么希望。每天早上，她都很怕起床面对生活。她什么都怕，怕付不起分期付款的车钱，怕付不起房租，怕没有足够的东西吃，怕她的健康情形变坏而没有钱看医生。让她没有自杀的唯一理由是，她担心她的姐姐会因此而觉得很难过，而且她姐姐也没有足够的钱来支付自己的丧葬费用。

然而有一天，她读到一篇文章，使她从消沉中振作起来，使她有勇气继续活下去。她永远感激那篇文章里那一句令人振奋的话："对一个聪明人来说，太阳每天都是新的。"她用打字机把这句话打下来，贴在她的车子前面的挡风玻璃上，这样在她开车的时候，每一分钟都能看见这句话。她发现每次只活一天并不困难，她学会忘记过去，每天早上都对自己说："今天又是一个新的开始。"她成功地克服了对孤寂的恐惧和对需要的恐惧。她现在很快活，也还算成功，并对生命抱着热忱和爱。她现在知道，不论在生活上碰到什么事情都不要害怕；她现在知道，不必怕未来；她现在知道，每次只要活一天，而"对一个聪明人来说，太阳每天都是新的"。

在日常生活中，我们可能会碰到极令人兴奋的事情，也同样会碰到令人消极的、悲观的事情，这本来应属正常，如果我们的思维总是围着那些不如意的事情转动的话，也就相当于往下看，那么终究会摔下去，因此，我们应尽量做到脑海里想的、眼睛里看的以及口中说的都应该是光明的、乐观的、积极的，相信每天的太阳都是新的，明天又是新的一天，发扬往上看的精神才能让我们在事业中获得成功。

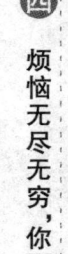

四 烦恼无尽无穷，你可以选择释然

◆ 心态好才能获取幸福的人生

心态是双面镜，是驰骋的骏马，就看你怎样去驾驭它。一个人拥有什么样的心态就会拥有什么样的人生。你的一切财富、一切成就、一切快乐，都源于积极的心态。

幸福是一种内心的满足感，是一种难以形容的甜美感受，它与金钱及地位都无关，你拥有良好的心态就可以触摸到它。

一个充满忌妒的人是不可能体会到幸福的，因为他的不幸和别人的幸福都会使他自己万分难受。

一个虚荣心极强的人是不可能体会到幸福的，因为他始终在满足别人的感受，从来不考虑真实的自我。

一个贪婪的人是不可能体会到幸福的，因为他的心灵一直都在追求，而根本不会去感受。

幸福是不能用金钱去购买的，它与单纯的享乐格格不入。比如你正在大学读书，每月只有七八十元钱，生活相当清苦，但十分幸福。过来人都知道，同学之间时常小聚，一瓶二锅头、一盘花生米、半斤猪头肉，就会有说有笑，彼此交流读书心得、畅谈理想与抱负，那种幸福之感至今仍刻骨铭心，让人心驰神往。昔日的那种幸福，今天无论花多少钱都难以获得。

一群西装革履的人吃完鱼翅鲍鱼，笑眯眯地从五星级酒店里走出来时，他们的感觉可能是幸福的。而一群外地务工人员在路旁的小店里就着几碟小菜，喝着啤酒、说说笑笑，你能说他们不幸福吗？

因此，幸福不能用金钱的多少去衡量。一个人很有钱，但不见得很

幸福，因为他或者正担心别人会暗地里算计他，或者为取得更多的钱而处心积虑。许多人都在追求金钱，认为有了钱就可以得到一切，那只是傻子的想法。

其实，幸福并不仅仅是某种欲望的满足，有时欲望满足之后，体验到的反而是空虚和无聊，而内心没有忌妒、虚荣和贪婪，才可能体验到真正的幸福。湖北的一个小县城里有这样一家人，父母都老了，他们有3个女儿，只有大女儿大学毕业有了工作，其余的两个女儿还都在上高中，家里除了大女儿的生活费可以自理外，其余人的生活压力都落在了父亲肩上，但这一家人每个人的感觉都是快乐的。晚饭后，两个女儿都去了学校上自习，她们不用担心家里的任何事。父母则一同出去散步，和邻居们拉家常。到了节日，一家人团聚在一起，更是其乐融融。家里时常会传出孩子们的打闹声、笑声，邻居们都羡慕地说："你们家的几个闺女真听话，学习又好。"这时父母的眼里就满是幸福的笑。其实，在这个家里，经济负担很重，两个女儿马上就要考大学，需要一笔很大的开支，家里又没有一个男孩子做顶梁柱，但女儿们能给父母带来快乐，也很孝敬，父母也为女儿们撑起了一片天空，让她们在飞出家门之前不会感受到任何凄风冷雨。所以，他们每个人都是快乐和幸福的。苏轼说："月有阴晴圆缺，人有悲欢离合，此事古难全。"既然"古难全"，为什么你不去想一想让自己快乐的事？而去想那些不快乐的事呢？一个人是否感觉幸福，关键在于自己的心态。

所以，去工作而不要以挣钱为目的；去爱而忘记所有别人对你的不是；去跳舞而不管是否有他人关注；去唱歌而不要想着有人在听；去生活就想这世界便是天堂。

这样，你就会发现在生活中，其实你也很幸福。

有句话叫"心宽体胖"。的确，那些不计较得失、心胸宽广的人往往身体健康，脸上也有光泽，而那些经常发火、什么事都放在心里，内

四 烦恼无尽无穷，你可以选择释然

83

向、偏激的人往往身体瘦弱，还经常生病，正如人们所说的，万病皆由心起。

因此，一个人应当从小就养成忍耐、平和而安宁的性情，对自己的一切都能乐天知命，使自己的身体始终处于和谐的状态，避开疾病的侵扰。纯洁简朴的生活、良好的道德和快乐的天性远胜过医生或药品所能为我们提供的一切。不道德的思想、恶毒的意念以及一切和精神不和谐的东西都会引起我们身体上的不调，都有可能激发潜藏在我们体内的疾病，或者降低我们的免疫能力。西方一位心理学家讲述了这样一个故事，他的一位亲戚向一位印度水晶球占卜者卜问吉凶，后者告诉他，他有严重的心脏病，并预言他将在下一个新月之夜死去。

因此，这一消极的暗示进入了他的心灵，他完全相信了这次占卜的结果，他果然如预言所说的那样死了，临死前的一刻，他感佩水晶球占卜的神奇，然而他根本不知道他自己的心态才是导致他死亡的真正原因。这是一个十分愚蠢、可笑的迷信故事。其实这位心理学家的亲戚在去算命之前本来是很快乐、健康、坚强和精力旺盛的，而占卜者却给了他一个非常消极的暗示，他接受了它。中国有句古语：信则灵，不信则不灵。消极的暗示使他的心态变得消极起来，致使他非常害怕，在极度恐惧和焦虑中不停地琢磨自己。他告诉了每一个人，还为自己生命的了结做好了准备。这种必死无疑的心态终于让他"结束"了自己的生命。中国也有一个类似的故事，一个寺院里住着一个体格健壮、满面红光的和尚。有一天，他突然听见寺庙里的那口钟发出了怪响，声音极其恐怖。

一开始他没有在意，可是到后来，声音越来越响，他的弟子偷偷告诉他："师父，那口钟的声音听起来很恐怖，是不是寺庙里有鬼怪在作怪啊？"和尚听了也觉得浑身汗毛倒竖，他被吓得病倒了。实在没办法，只好请来了巫婆、神汉大做法事，可是那口钟依然发出怪响，而且丝毫

没有减弱的迹象，巫婆、神汉也说："那个妖怪法术太强，我们实在没有办法了，你还是另请高明吧！"于是和尚被吓坏了。

从那以后，他变得极度恐惧，躺在床上等死。一天，正好有一个朋友来看他，他便将这件事情说给朋友听。这个朋友听过之后哈哈大笑，就说："你给我20两银子，我保证帮你抓到这个妖怪，并且保证你会马上好起来。"和尚半信半疑，但还是给了朋友20两银子。结果，还没用一天的时间，朋友就制伏了妖怪，钟不响了，和尚也逐渐好了起来，等他病好之后请朋友来吃饭，便问朋友是怎么制伏那妖怪的。这时朋友才告诉他，根本就没有什么妖怪，是那口钟因为年久被撞出了一个裂口，刮风的时候，裂口处因为风的吹动就会发出奇怪的声音，和尚恍然大悟。这些故事并不夸张，事实证明，心理暗示会给人以错觉，就像医生为哄老太太睡觉时给她一颗维生素说这是一片安定，吃了以后马上就可以睡觉一样。

如果你走到船上的一位船员身边，用同情的口吻对他说："亲爱的伙计，你看上去好像病了，你不觉得难受吗？我看你好像要晕船了。"

根据他的性情，他要么对你的"笑话"报以微笑，要么表现出轻微的不耐烦，因为，一位饱经风浪的水手怎么会晕船呢？

而对于另一个乘客来说，如果他缺乏自信，晕船的暗示就会唤醒他头脑中固有的对于晕船的恐惧，也就意味着他真的会变得脸色苍白，晕起船来。

我们每个人的内心都有自己的信仰和观念，这些内在的意念主宰和驾驭着我们的生活。通常的情况下，暗示一般是无法产生效果的，除非你在精神上接受了它。所以，我们一定要以积极健康的意念来激发出积极健康的心态，只有心态健康了，我们才能有健康的身体。

四、烦恼无尽无穷，你可以选择释然

◆ 乐观地生活，人生将会无比的美好

日出东海落西山，愁也一天，喜也一天；遇事不钻牛角尖，人也舒坦，心也舒坦。

不要抱怨自己总是灾难重重，耿耿于怀只会让你陷入迷茫，越来越颓废。其实，世间的福与祸都是存在某种必然联系的，安逸纵然是福，但太过安逸往往会消磨人的斗志，令人越发沉沦；困苦固然可以称之为祸，却可以让人砥节砺行，保持清醒，以免陷入罪恶的深渊。中国有句古话："祸兮福之所倚，福兮祸之所伏。"说的就是这个道理。困惑之时想一想"塞翁失马"的故事，或许你就能对自身的处境释怀。

据说很久以前，在一个王国里，有位大臣特别聪明，而这位大臣也因他的聪明受到国王格外的宠爱与信任。

这位聪明的大臣不论遇上什么事，总是愿意去看事物好的那一面，因此别人给了他一个雅号"必胜大臣"。

国王热爱打猎，有一次在追捕猎物的过程中弄断了一节食指，国王在剧痛之余立即召来"必胜大臣"，征询他对这件意外断指事件的看法。

"必胜大臣"仍本着他的作风，轻松自在地告诉国王，这应是一件好事。

国王闻言大怒，认为"必胜大臣"在嘲讽自己，立即命左右将他拿下，关到监狱里待斩。

"必胜大臣"听后，笑着说："您不敢杀我，总有一天您还得把我放出来。"国王听了怒道："来人，给我拉出去斩了。"但想了想又说

道，"先押入死牢。"就这样，"必胜大臣"被关进死牢。

国王的断指痊愈之后，忘了此事，又兴冲冲地忙着四处打猎，却不料带队误闯入邻国的国境，被丛林中埋伏的一群野人活捉。

依照野人的惯例，必须将活捉的这队人马的首领献祭给他们的神，于是便抓了国王放到祭坛上。正当祭奠仪式开始，主持仪式的巫师突然惊呼起来。

原来巫师发现国王断了一截的食指，而按他们部族的律例，献祭肢体不完整的祭品给天神是会受天谴的，于是野人连忙将国王解下祭坛，驱逐他离开，另外抓了一位同行的大臣献祭。

国王狼狈地回到朝中，庆幸大难不死，忽然想到"必胜大臣"曾说过的话，立刻将他从牢中释放，并当面向他道歉。

一个人能否活得幸福，完全取决于他的人生态度。幸福者与不幸者之间的差别是：幸福者始终用最积极的思考、最乐观的精神和最有效的经验支配和控制自己的人生。不幸者则刚好相反，因为缺乏积极的思维，他们的人生受过去的失败和疑虑所引导和支配，他们徘徊在失败的阴影里，只能眼看着别人幸福地生活。

乐观者总是善于在困境中发现有利于自己的契机，悲观者即便身处幸运之中，看到的也只是阴霾。人都是活一辈子，为什么不放下悲伤而选择快乐呢？想做前者其实并不难，只要你能在看到阴影的时候及时将头转向另一边。

有一对孪生兄弟虽然长得极其相像，但性格迥然不同，哥哥天性乐观，看不出他有什么烦恼；弟弟却整日哭丧着脸，好像世界末日就要来临一样。

为使兄弟俩的性格综合一下，父亲给了弟弟一大堆玩具，而后又将哥哥关进马棚。过了1个小时，父亲前去观察兄弟俩的动静，却发现哥哥正在不亦乐乎地挖着马粪，而弟弟则抱着玩具在哭。

四 烦恼无尽无穷，你可以选择释然

"有这么多玩具陪你,你为什么还要哭呢?"父亲问弟弟。

"如果我玩这些玩具的话,它们就会变旧,有可能还会坏掉。"弟弟伤心地回答。

"为什么把你关进又脏又臭的马棚,你还这样高兴?"父亲转头问哥哥。

"我想看看能不能从马粪中挖出一只小马驹啊。"哥哥说完又跑进了马棚。

父亲长叹了一口气,从此放弃了改变二人的念头。

后来,这对兄弟长大成人,弟弟依旧那样悲观,他时常抱着半杯可乐发愁:哎!只剩下半杯了;而哥哥还是那样乐天,他会为发现半杯可乐而欣喜:感谢上帝,还为我留着半杯可乐!

再后来,弟弟一脸忧伤地离开了人世,他一生都没有开心过;哥哥走的时候,脸上则布满了微笑,他一生都没有忧伤过。

开心也是一生,不开心也是一生,为何要把自己埋于悲观之中,郁郁而终呢?做人理应乐观一点儿,豁达一点儿。扫除心中的阴霾,你会发现天空一直是那样晴朗,生活一直是这般美好。

◆ 不要背负多余的烦恼,给自己留点儿空白时间

人生在世,无论在事业上或是生活上失利,都不必背负太多,要坚信:真正的光明并不是没有黑暗的时候,只是不被黑暗遮蔽罢了;真正的英雄并不是没有卑怯的时候,只是不向卑怯屈服而已。

人生中有太多的事情即便是些好事,也会让人觉得承受不了。不论

你多喜欢社交活动，也不论你多喜欢和朋友在一起，但是当看到日历簿上有一段属于自己的空白时间，你心中就会很奇妙地有一种安详与宁静的感觉。那段时间是完全属于自己的，可以想做什么就做什么，也可以什么事都不做。在日历上留一些空白时间会给你一种平静的感觉，感觉找到了心灵的归属。在不知道给自己留时间之前，永远找不到时间去做自己真正想做的事。但是只要能为自己留一些空闲时间，就能为自己做一些事，而不只是做别人要求你做的事。通常伴侣会要求你做一些事，孩子也经常需要你帮忙，包括邻居、朋友与亲友请求你为他们做些什么，甚或陌生人的恳求也是不断的，譬如电话拜访或推销员的打扰等，感觉上好像每个人都想侵占一点儿你的时间，致使你一点儿空闲时间也没有。

很好的解决之道是与自己订下约会，就像与情人或客户订下约会一样。除非有天灾人祸，否则一定要坚守约定。和自己订约会的方法简单方便，在日历上画出几个不让任何人打扰的空白日子即可，除非是有特殊的意外发生，否则任何人都不能抢走这段时间，也就是说，任何人要求这段时间做任何事：朋友的拜访、给某人打电话，或是客户需要帮忙……都不行，因为已经设定了计划，而这个计划是与自己有关的。在这个月接近月底的时候，再找另一天勾掉的空白日子，那也是个和自己约会的神圣时光，要确定那天决不会被别的事填满。不难想象，坚持和自己约会是需要时间慢慢去适应的。刚开始这么做时，心中可能会有些不安，好像自己在消磨时光、错失良机，甚至自私自利，尤其是当日历上还有空白时，实在很难跟别人说自己没时间，不过事实证明和自己订约会是件很有意义的事，相信试过之后你也会这么认为。

让日历中的留白成为生活的一部分，也会是自己最珍惜、最愿意保留的重要时光。但这并不是说工作不重要，或是觉得与家人在一起的时光没意思，而是这段时光对心灵有平衡与完善的作用。缺乏这样的时

四 烦恼无尽无穷，你可以选择释然

89

间,你一定会成为一个背负太多的人,因此很容易变得暴躁易怒、沮丧不安,似乎失去了自我,所以为了避免这样的情形出现,你可以从今天开始与自己订约会。挑选一段固定的时间,某天的某1个小时或一周1次,或1个月1次都可以,而且时间长短不拘,就算只是十几分钟也可以,重点在它属于你一个人,完全归你的心支配。其次是当别人要跟你约定时间时,绝对不能轻易将这段神圣的时光牺牲,要特别珍惜这样的时光,因为这样的时光比任何时光都重要。别担心自己会因此而成一个自私自利的人。相反地,当你再度感到生命是属于自己的时候,会更有能力去为别人着想。只有真正地获得自己所需时,你才能更轻易地满足别人的需要。

有这样一个人,他经常仰望天空,遐想作为人类一员的他在宇宙中处在什么地位。宇宙留给他印象最深的地方就是它的巨大,大得让他做任何"比较"都变得苍白无力。事实上,也已经没有"比较"可言了:在无限的宇宙面前,地球的地位甚至不如大海里的一滴水。而以这种比较基础来看,"他"在地球上的地位则不如一滴水中的某个原子。

如果这就是人在宇宙中的真正位置,那么我们所碰到的问题又算得了什么呢?当然,这些问题好像对我们都很重要,但是如果拿整个宇宙做参照物,它们就变得根本不值一提。

我们每天碰到的困难当然都很真实,但如果换一个较适当的基点来衡量事物,这些困难根本算不上是"大灾难"。在20世纪三四十年代,有个狂人叫做希特勒,他以病态的方式屠杀了600万名犹太人。30多年后,在史卡德这个地方,有个当时遭难的犹太人的儿子发现自己正陷入重重困难中:在公司里,有个家伙总是在领导面前说他的坏话;他的医生警告他以后再不许喝酒,否则要面临严重的后果;他的情人威胁他,如果不快点儿和他的妻子办妥离婚,就要让他身败名裂。如果这个人突然发现自己回到1942年的奥斯威辛集中营,会是什么结果?毋庸

置疑，相比集中营来看，现在所谓的困境简直就是天堂。

你因加入到40岁人群的行列而郁郁寡欢吗？有些人根本不会为这种问题难过，他们生活在世界上的高热地区，他们的平均寿命只有37岁，不管男人或女人，他们根本就不必经历所谓的"悲惨的40岁生日宴会"。

你正为每天不知道吃什么菜、做什么饭而伤脑筋吗？告诉你，世界上每天有1万人死于饥饿，此外，还有好几百万人苦于营养不良而引起的各种疾病。

房租太贵让你烦恼吗？你看到过生活在街头上的流浪汉吗？这些幸运的家伙从来不用为房租问题烦恼，他们生在街头，也死在街头，他们唯一要操心的事情就是晚上睡觉前能不能找到一块破布御寒。

你的脸蛋不漂亮吗？和双目失明的人比，和四肢残缺的人比，和智障低下的人比，你愿意是后者吗？

当我们知道有这么多惨状仍然在世界上很多地方被默默地承受的时候，我们却因为在某个高雅的餐厅没占到好座位而大发雷霆；因为工作中的一点点小挫折而垂头丧气；因为体重没有减轻而深感懊恼；为了每个月的账单而抱怨不休……这就是我们的烦恼、我们的问题吗？到底拿它们来和什么标准作比较？

长期不间断地专注于痛苦是一件既不正确又不正常的事，所以，如果我们的手扭伤了还得洗衣做饭，如果我们感冒躺在床上还得担心办公桌上积压的公事，我们肯定会心烦，这些绝对可以理解。但是我们处世的观点若只局限在这类芝麻小事上，那么即便是最微不足道的困难也可能变成人生的主要障碍，于是拘泥于这种小节终将耗尽我们宝贵而又有限的时间和精力。

两千多年前，中国有一位思想家叫做庄子，这位道家的宗师所表达的思想让人悠然神往。在那个古老的时代，人们拥有平和的心灵，因此

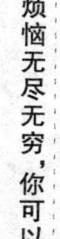

不会感到今天我们所面临的诸多紧张，他们无欲也无争，所以庄子有的是时间去思考。

别再为自己有一大叠账单、情人总是和你发生分歧、修车的费用又得花去你一大笔而烦闷不已敢，你只不过是只倒霉的蝴蝶，刚刚做了个噩梦。

大多数人在人生旅途中背负了太多的东西，许多东西其实是不必要背负的。尽可能丢弃那些无谓的问题及烦恼吧，放松心情，好好轻松一下。

◆ 过去的就让他过去

人的一生都在不间断地经历时过境迁。适时地遗忘一些经历，不但能给自己带来快乐，还能给家庭带来幸福。

人生的成或败、乐或悲，有相当一部分取决于自己的心态。一个人心里想着快乐的事情，他就会变得快乐；心里想着伤心的事情，心情就会变得灰暗。那么，我们为何不放下烦恼，让自己活得更加快乐呢？

有这样一个寓言。

有一位美丽的少妇忍受不住人生的苦难，遂选择投河自尽。恰好此时一位老艄公划船经过，二话不说便将她救上了船。

艄公不解地问道："你年纪轻轻，正值人生当年，又生得花容月貌，为何偏要如此轻贱自己、寻短见呢？"

少妇哭诉道："我结婚至今才两年时间，丈夫就有了外遇，并最终遗弃了我。前不久，一直与我相依为命的孩子又身患重病，最终不治而亡。老天待我如此不公，让我失去了一切，你说，现在我活着还有什么

意思？"

艄公又问道："那么，两年以前你又是怎么过的？"

少妇回答："那时候自由自在、无忧无虑，根本没有生活的苦恼。"她回忆起两年前的生活，嘴角不禁露出了一抹微笑。

"那时侯你有丈夫和孩子吗？"艄公继续问道。

"当然没有。"

"那么，你不过是被命运之船送回了两年前，现在你又自由自在、无忧无虑了，请上岸吧。"

少妇听了艄公的话，心中顿时敞亮了许多，于是告别艄公回到岸上，看着艄公摇船而去，仿佛做了个梦。从此，她再也没有产生过轻生的念头。

无论是快乐还是痛苦，过去的终归要过去，强行将自己困在回忆之中，只会让你备感痛苦。无论明天会怎样，未来终会到来，若想明天活得更好，你就必须以积极的心态去迎接它。你要认识到，即便曾经一败涂地，也不过是被生活送回到了原点而已。

其实，每个人的一生都是在不断地得失中度过的。我们的不如意和不顺心，其实都与在得失之间的心理调适做得不够有关系。人生如白驹过隙，如果我们在得失之间执迷不悟，是否太亏欠这似水年华了呢？学会舍得，学会洒脱，你的人生才会有属于自己的精彩。

北宋时期，金兵大举入侵中原，宋朝百姓纷纷离开家乡，以避战乱。一伙百姓仓皇逃到河边，他们丢下了身上所有的重物，包括贵重的物件，拥挤着登上了仅有的一条渡船，船家正要开船，岸边又赶来了一人。

来人不停地挥手、叫喊，苦苦恳求船家把他也带上，船家回答道："我这条船已经载了很多人，马上就要超载了，你要是想上船过岸，就必须把身上的大包袱统统扔掉，否则船会被压沉的。"

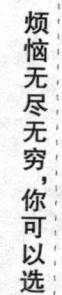

四 烦恼无尽无穷，你可以选择释然

那人迟疑不决，包袱里可是他的全部家当。

船家有些不耐烦，催促道："快扔掉吧！这一船人谁都有舍不得的东西，可他们都扔掉了。如果不扔，船早就被压沉了。"

那人还在犹豫，船家又说："你想想看，包袱和人到底孰轻孰重？是这一船人的性命重要，还是你的包袱重要？你总不能让一船人都因为你的包袱而惶恐不安吧！"

要知道，包袱虽然只属于你自己，但它会令一船人为之担心不已，这其中包括你的父母、妻儿、朋友……

有些时候，纵使放不下也要放。多愁善感、愁肠百结不但会伤害你自己，而且还会伤害那些关心你的人。难道你真的舍得他们每日为你提心吊胆，看着你郁郁寡欢的样子而痛心不已吗？

◇ 不要盲目地与他人比较，小人物也有自身的精彩

一个站在山顶上的人和一个站在山脚下的人，所处的地位虽然不同，但在两者的眼中所看到的对方却是同样的大小，所以，如果你是一个平平常常的小人物，就千万不要妄自菲薄，不要自寻烦恼，不要因为仰慕大人物头上的光环而忽略了自己的生活。

有一天，女王独自到花园里散步，使她万分诧异的是，花园里所有的花草树木都枯萎了，园中一片荒凉，原来橡树由于没有松树那么高大挺拔，因此轻生厌世而死了；松树又因自己不能像葡萄那样结出许多果实，也忌妒而死；葡萄则哀叹自己不能像桃树那样开出美丽的花朵，于是也死了；其余的花草树木也都是因为自己的平凡而垂头丧气，只有一

棵细小的忘忧草在茂盛地生长。女王很奇怪为什么平凡到不能再平凡的忘忧草会如此的乐观,忘忧草说:"女王啊,我知道自己是一棵平凡的小草,所以从不自寻烦恼,要去变成一棵大树或别的什么。"

事实证明,世界上只有2%的人能够得到了不起的成功,而98%的人只能是平平常常的普通人。有些聪明能干、有远大抱负的年轻人总是瞧不起那些平凡过日子的人,他们认为这些人"没出息"、"微不足道"、"活得没意思",而当他们发现自己奋斗失败、无所作为,面对和常人一样平淡无奇的生活时,他们就会觉得生活无聊透了,因而生出了无尽的烦恼。

程前威毕业于某名牌大学,学识渊博、心高气傲,毕业后他没有像同学们那样找家大公司去上班,一步步赢得晋升,因为他有更远大的目标:自己创业,并逐渐将公司做大做强,直至跨入世界一流企业的行列。在家人的支持下,程前威开始了他的创业历程:他办过网上连锁商店,卖过电脑,开过会计服务公司……两年下来,程前威一事无成,而他昔日的同窗们都已成为经理级的人物了。家里人对他这样乱折腾实在看不下去,就逼着他去报考了公务员。程前威被分配到某环保机关从事文职工作,但这份工作显然不能让他满意,他抱怨工作烦琐,认为这样做下去不会有什么前途,于是他每天都在烦恼着,为理想与现实的落差而痛苦着。

生活有目标,想出人头地可以说是一种相当积极的心态,可是这必须建立在对平凡生活的肯定之上。唯有对平凡生活的肯定,才能让人更发愤向上。相反地,如果对平凡生活的状况一直抱着不满的态度,那么出人头地的想法反而会给你带来负面的影响。

现实生活中有许多个"程前威",他们无法接受平凡的生活,更不懂得从平凡中找出伟大,因而他们的"远大理想"带给他们的通常是烦恼而不是希望。

其实，做一个平凡的小人物也并没有什么不光彩的。生活中，我们常常忽略了小人物，可小人物并非是愚人蛮者，恰恰相反，多是些能工巧匠。人人都有自己的生活方式，小人物没有大人物的辉煌，却有自己平实的欢乐。

其实，少数大人物的存在，首先是因为有千千万万不显眼的小人物的衬托而存在的，也是因为小人物才成就着那些大人物。小人物就像池塘里的水，大人物就像浮出水面香气袭人、亭亭玉立的荷花。试想，没有水，荷花何以生存？

人们往往只看到少数大人物的作用。实际上，在日常生活和平凡的事业中，小人物比大人物更不可少。虽说不想当元帅的士兵不是好士兵，但是，如果每一个士兵都想当元帅的话，那支军队肯定是无法打仗的。拿破仑再厉害，真正动刀枪的还是成千上万的士兵。

因此，有了小人物的安分，才成就了大人物的辉煌。大人物蓝图一描，众多勤恳的小人物努力为之工作，成绩便被一点一滴地造就出来。取得辉煌的成绩之后，大人物更有了资本，于是靠着一丝思想的灵感，继续推动着世界前进的脚步。

◆ 不以物喜，不以己悲

一个人一生中可能只能得到有限的几样东西，甚至仅有的一件东西。而这些东西可能要用一生的时间来换取，所以从这个意义上来年，人生是个悲剧。这个世界上有那么多东西，又有那么多美好的东西，可是那一切好像与你无关，它对于你只是作为一种诱惑出现，你只能眼睁睁地看着别人将它们拿走。如果一点儿都放不开，什么都舍不得，什么都想得到，就会活得很累。可是你本来就一无所有，甚至这个世界上本

来就无你，从这点看，你已经获得了几样东西，最起码获得了生命和来世界走一遭的体验。上帝对你还是不错的，起码在这个美好纷繁的世界上度过了这么多年。

在人生道路上，在花花世界里，你是否看清：不是一切失去都意味着缺憾，不是一切得到都意味着圆满。

不要为失去的追悔伤心，也许失去意味着更好的得到，只要你选择的是纯洁而又美好的理想；不要为得到的而沾沾自喜，也许得到代表着你失去了更多，如果你选择的是虚荣而又自私的目标。

当我们在得与失之间徘徊的时候，只要还有选择的权利，那么我们就应当以自己的心灵是否能得到安宁为原则。只要我们能在得失之间作出明智的选择，那么我们的人生就不会被世俗所淹没。

普林斯是一个画家，而且是一个很不错的画家。他画快乐的世界，因为他自己就是一个快乐的人。不过没人买他的画，因此他偶尔难免会有些伤感，但用不了多长的时间他又恢复了快乐的心情。

"玩玩足球彩票吧！"朋友劝他，"只花2美元就有可能赢很多钱。"

于是普林斯花2美元买了一张彩票，并且真的中了彩，他赚了500万美元。

"你瞧！"朋友对他说，"你多走运啊！现在你还经常画画吗？"

"我现在只画支票上的数字。"普林斯笑道。

于是，普林斯买了一幢别墅并对它进行了一番装饰。他很有品位，买了很多东西，其中包括阿富汗的地毯、维也纳的橱柜、佛罗伦萨的小桌、迈森的瓷器，还有古老的威尼斯吊灯。

普林斯满足地坐下来，点燃一支香烟，静静地享受着自己的幸福。突然，他感到自己很孤单，他想去看朋友，于是便把烟蒂一扔，匆匆地走出门。

烟头静静地躺在地上，躺在华丽的阿富汗地毯上……1个小时后，别墅变成了一片火海，它完全被烧毁了。

朋友们在得知这一消息以后都赶来安慰普林斯："普林斯，你真是不幸！"

"我有何不幸呢？"普林斯问道。

"损失啊！普林斯，你现在什么都没有了。"朋友们说。

"什么呀？我只不过损失了2美元而已。"普林斯答道。

人生漫长，每个人都会面临无数次选择，这些选择可能会使我们的生活充满烦恼，使我们不断失去本不想失去的东西。但同样是这些选择却又让我们在不断地获得。我们失去的也许永远无法弥补，但我们得到的是别人无法体会到的、独特的人生。面对得与失、顺与逆、成与败、荣与辱，我们要坦然视之，不必斤斤计较、耿耿于怀，否则只会让自己活得很累。

其实，人在大得意中常会遭遇小失意，后者与前者比起来可能微不足道，但是人们往往会怨叹那小小的失而不去想想既有的得。

须知，得到固然令人欣喜，失去也没有什么值得悲伤的。得到的时候，渴望就不再是渴望了，于是得到了满足却失去了期盼；失去的时候，拥有就不再是拥有了，于是失去了所有却得到了怀念。连上帝都会在关上一扇门的同时又打开一扇窗，得与失本身就是相互依存的：得中有失，失中有得。

《孔子家语》里记载：有一天楚王出游，遗失了他的弓，下面的人要找，楚王说："不必了，我掉的弓，我的人民会捡到，反正都是楚国人得到，又何必去找呢？"孔子听到这件事后感慨地说："可惜楚王的心还是不够大啊！为什么不讲人掉了弓，自然有人捡得，又何必计较是不是楚国人呢？"

"人遗弓，人得之"应该是对得失最豁达的看法了。就常情而言，

人们在得到一些利益的时候大都喜不自胜，得意之色溢于言表；而在失去一些利益的时候自然会沮丧懊恼，心中愤愤不平，失意之色流露于外。但是对于那些志趣高雅的人来说，他们在生活中能"不以物喜，不以己悲"，并不把个人的得失记在心上。他们面对得失心平气和、冷静以待，超越了物质，超越了世俗，千百年来，令多少人"高山仰止，心向往之"。

◇ 错过并不是一种遗憾

毋庸置疑，人在一生中必然要经历无数次的错过，当我们失去了满以为可以得到的美好，总是会更加感叹人生路的难走。其实大可不必如此，不管人生错过了什么，我们都应致力于让自己的生命充满亮丽与光彩。

因此，不要再为错过掉眼泪，笑着面对明天的生活，努力活出自己的精彩，如此，前途将会是一片光明。

生活中有一种痛苦叫错过。人生中一些极美、极珍贵的东西常常与我们失之交臂，这时我们总会因为错过美好而感到遗憾和痛苦。其实喜欢一样东西未必非要得到它，俗话说："得不到的东西永远是最好的。"

当你为一份美好而心醉时，远远地欣赏它或许是最明智的选择，错过它或许还会给你带来意想不到的收获。

我们匆匆行走于这个世界时，是否可以将一路的美景尽收眼底？是否可以将世间珍品都收归己有？不，不可能，甚至大多数时候我们常常错过它们。于是，人生便有了"遗憾"这一词语。仔细想想，遗憾能给你留下什么？除了一种难以诉说的隐痛，似乎没有任何好处。所以，

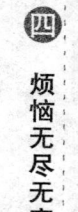

不要让自己总是怀有这种隐痛，佛法讲"万事随缘"，既然你与之无缘，那就随它去吧。

有这样一个故事。

有个小孩在一处平静之地玩耍，这时来了一位禅师，他给了小孩一块糖，于是小孩非常高兴。

过了一会儿，禅师看见小孩哭得很伤心，就问他为什么哭，小孩说："我把糖丢了。"

禅师想："这小孩没糖时很平静，平白无故得到糖时很高兴，等到糖丢了时便极度地伤心。那失去糖后，应与没得到糖时一样呀，又有什么伤心的呢！"

是啊，为什么要伤心呢？

岁月会把拥有变为失去，也会把失去变为拥有。你当年所拥有的，可能今天正在失去，当年未得到的可能远不如今天你正拥有的。有时候错过正是今后拥有的起点，而有时拥有恰恰是今后失去的理由。

美国的哈佛大学要在中国招一名学生，这名学生的所有费用由美国政府全额提供。初试结束后，有30名学生成为了候选人。

考试结束后的第10天是面试的日子。30名学生及其家长云集锦江饭店等待面试。当主考官劳伦斯·金出现在饭店的大厅时，一下子被大家围了起来，他们用流利的英语向他问候，有的甚至还迫不及待地向他作自我介绍。这时，只有一名学生由于起身晚了一步，没来得及围上去，等他想接近主考官时，主考官的周围已经被围得水泄不通了，根本没有插空而入的可能。

于是他错过了接近主考官的大好机会，他觉得自己也许已经错过了机会，于是有些懊丧起来。正在这时，他看见一个外国女人有些落寞地站在大厅一角，目光茫然地望着窗外，他想，身在异国的她是不是遇到了什么麻烦，不知自己能不能帮上忙，于是他走过去，彬彬有礼地和她

打招呼，然后向她作了自我介绍，最后他问道："夫人，您有什么需要我帮助的吗？"接下来两个人聊得非常投机。

后来这名学生被劳伦斯·金选中了，在 30 名候选人中，他的成绩并不是最好的，而且面试之前他错过了跟主考官套近乎、加深自己在主考官心目中印象的最佳机会，但是他无心插柳柳成荫。原来，那位异国女子正是劳伦斯·金的夫人，这件事曾经引起很多人的震动：原来错过了美丽，收获的并不一定是遗憾，有时甚至可能是圆满。

人生要留一份从容给自己，这样就可以对不顺心的事处之泰然，对名利得失顺其自然。要知道世上所有的机遇并不都是为你而设的，人生总是有得有失、有成有败，生命之舟本来就是在得失之间浮沉。美丽的机会人人珍惜，然而并非我们都能抓住，错过了的美丽不一定就值得遗憾。

有些美丽是不该错过的，而有些美丽则需要你去错过。

从前，一位旅行者听说有一个地方景色绝佳，于是他决定不惜一切代价也要找到那个地方，一饱秀色。可是经历了数年的跋山涉水、千辛万苦后，他已相当疲惫，但目的地依然遥遥无期。这时，有位老人给他指了一条岔路，告诉他美丽的地方有很多，没必要沿着一条路走到底。他按老人的话去做了，不久他就看到了许多异常美丽的景色，他赞不绝口，流连忘返，庆幸自己没有一味地去寻找梦中那个美丽的地方。

生活就是如此，跋涉于生命之旅，我们的视野有限，如果不肯错过眼前的一些景色，那么可能错过的就是前方更迷人的景色，只有那些善于舍弃的人才会欣赏到真正的美景。

有些错过会诞生美丽，只要你的眼睛和心灵始终在寻找，幸福和快乐很快就会来到。只是有的时候，错过需要勇气，也需要智慧。

喜欢一样东西不一定非要得到它。有时候，有些人为了得到自己喜欢的东西，殚精竭虑，费尽心机，更有甚者可能会不择手段，以致走向

极端。也许他在拼命追逐之后得到了自己喜欢的东西，但是在追逐的过程中，他失去的东西也无法计算，他付出的代价应该是很沉重的，是其得到的东西所无法弥补的。

　　为了强求一样东西而令自己的身心疲惫不堪很不划算，况且有些东西一旦你得到以后，日子一久或许就会发现它并不如原本想象中的好。如果你再发现你失去的比得到的东西更珍贵的时候，你一定会懊恼不已。俗话说："得不到的东西永远是最好的。"所以当你喜欢一样东西时，得到它也许并不是最明智的选择，而错过它却会让你有意想不到的收获。总之，人生需要一点儿随意和随缘，不为失去了的遗憾，也不为希求着的执著。无执、无贪，这便是禅的随性境界。

　　许多心情可能只有经历过之后才会懂得，如感情，痛过了之后才会懂得如何保护自己，傻过了之后才会懂得适时地坚持与放弃。在得到与失去的过程中，我们慢慢认识自己，其实生活并不需要这些无谓的执著，没有什么真的不能割舍，学会放弃，生活会更容易。

　　因此，在你感觉自己的人生处于最困顿的时刻，也不要为错过而惋惜，失去的折磨会带给你意想不到的收获。花朵虽美，但毕竟有凋谢的一天，请不要再对花长叹，因为可能在接下来的时间里，你将收获雨滴的温馨和细雨的浪漫。

◆ 莫被内疚感"绑架"

　　没有一个人是没有过失的，只要有了过失能够决心去改正，即使不能完全改正，只要继续不断地努力下去、尽力而为，也就对得住自己的良心了。徒怀感伤而不从事切实的补救工作是最不足取的。只要真心在做着补救过失的工作，虽不能完全补救也不要紧。

人很容易被负疚感左右，在人性文化中，内疚被当做一种有效的控制手段加以运用。我们应当汲取过去的经验教训，而决不能总在阴影下活着，内疚是对错误的反省，是人性中积极的一面，却属于情绪中消极一面。我们应该分清这二者之间的关系，反省之后迅速行动起来，把消极的一面变积极，让积极的一面更积极。

西瑞是一位商人，长年在外经营生意，少有闲暇时间。当有时间与全家人共度周末时，他非常高兴。

他年迈的双亲住的地方离他的家只有1个小时的路程，西瑞也非常清楚自己的父母是多么希望见到他和他的家人。但是他总是寻找借口尽可能不到父母那里去，最后几乎发展到与父母断绝往来的地步。

不久，他的父亲死了，西瑞好几个月都陷于内疚之中，回想起父亲曾为自己做过的许多好事情，他埋怨自己在父亲有生之年未能尽孝心。在悲痛平定下来后，西瑞意识到，再大的内疚也无法使父亲死而复生。认识到自己的过错之后，他改变了以往的做法，常常带着全家人去看望母亲，并经常同母亲保持电话联系。

卡戴珊的母亲很早便守寡，她勤奋工作，以便让卡戴珊能穿上好衣服，在城里较好的地区住上令人满意的公寓，能参加夏令营，上名牌私立大学。她为女儿"牺牲"了一切。卡戴珊大学毕业后，找到了一个报酬较高的工作，她打算独自搬到一个小型公寓去，公寓离母亲的住处不远，但人们纷纷劝她不要搬，因为母亲为她作出过那么大的牺牲，认为现在她撇下母亲不管是不对的，卡戴珊认为他们说得对，便同意与母亲住在一起。

后来她喜欢上了一个青年男子，但她的母亲不赞成她与他交朋友，她和母亲大吵一番后便离家出走了，几天后，听人们说母亲因她的离家而终日哭泣，强有力的内疚感再一次作用于卡戴珊，她对母亲让步了。几年后，卡戴珊完全处于母亲的控制之下。到最终，她又因负疚感造成

的压抑毁了自己，并因生活中的每一个失败而责怪自己和自己的母亲。

当然，处在某种情境之下，我们的头脑被外在因素所控制而不再清醒，不自觉地陷入内疚的泥潭里无法自拔，这时候既需要有人当头棒喝，又需要有直面自己的勇气。

过错发生之后要及时走出感伤的阴影，不要长期沉浸在内疚之中痛定思痛，让身心备受折磨。过去的已经过去，无论怎样内疚也于事无补，因此，我们要重拾生活的勇气，昂首奔向明天。

◆ 用心感受生活的乐趣

乐趣在生活中无处不在，只是我们在以全力往前跑的时候，眼睛始终注视着前面，对两侧视而不见。其实，只要我们放缓脚步去寻找、去体验，就会发现原来生活中存在着这么多的乐趣。

世上充满了有趣的事情，可是生活中的大多数人都竭尽全力地追逐自己的目标，却忽视了生命中无数的乐趣。

生活也是一门艺术，我们要将生活过得简单而不乏味，有情趣而不孤异。只有这样，你才能够领悟人生的真谛，感受生活的美好。

芝加哥的约瑟夫·沙巴士法官曾审理过4万件婚姻冲突的案子，并使两千对夫妇复合。他说："大部分的夫妇不和，究其根源是源于许多琐屑的事情。诸如，当丈夫离家上班的时候，太太向他挥手再见，可能就会使许多夫妇免于离婚。"

劳·布朗宁和伊丽莎白·巴瑞特·布朗宁的婚姻可能是有史以来最美妙的了，布朗宁永远不会忙得忘记在一些小地方赞美伊丽莎白和照顾她，以保持爱的新鲜。他如此体贴地照顾残废的伊丽莎白，结果有一次

她在给姊妹们的信中这样写道："现在我自然地开始觉得我或许真的是一位天使。"

简单的生活琐事可能会给你带来不同的结果，就看你是否掌握了生活的艺术。

真正懂得乐观地去生活的人，是因为他的生活富有情趣。

任何人都想过幸福且充满活力的生活，要达到这个目标，除了要保持愉悦的生活情绪外，时时接受新事物的挑战也显得格外重要。

其实，生活中有很多的乐趣，它们或许就在你眼前，但它们又很喜欢跟你玩"躲猫猫"，总是隐身于某一角落中，等待你去寻找。

约上朋友，带着帐篷和啤酒去露营，银盘当空，仰头望月，将那些烦恼抛之脑后，与朋友畅谈阔饮……这一切是否让你感到惬意非常？心中的杂念是否已然无影无踪？若如此，说明你已经发现了生活的乐趣。无须惊讶，快乐有时就是这么简单，它源之于生活，可以说，有生活的地方就有快乐。

尽情地感受生活中的乐趣吧，养一园花草、品一杯清茗、打一场篮球、下一盘象棋、与朋友开怀畅谈、拥抱一下大自然……如此，你便能享受到更多的生活之乐。要记住，生活中并不缺少乐趣，而是缺少发现乐趣的眼睛。从现在开始，去寻找、去发现、去享受、去体验，生活中的乐趣在等着你。

生命中，除了一些我们必须达到的目标以外，还有一些美好的风景也同样引人入胜。用心体会生命的情趣，我们会得到精神的慰藉和情感的升华，让我们以一种轻松愉悦的心情去追逐前方的目标，适时地接受生活中的新鲜事物，如此，生活便不再枯燥，旅途也不会特别劳累。

◇ 对生活要有点儿"阿Q精神"

痛苦和烦恼是噬咬心灵的魔鬼，如果你不用快乐将它们驱赶出去，必然会受其所害。当遭遇不幸之时，我们不妨多对自己说几个"幸亏"，如此情况一定会有所好转。

生活给予每个人的快乐大致上是没有差别的：人虽然有贫富之分，然而富人的快乐绝不比穷人多；人生有名望高低之分，然而那些名人却并不比一般人快乐到哪去。每个人都各有各的苦恼，各有各的快乐，只是我们是否能够发现快乐或烦恼罢了。

白云禅师受到神赞禅师《空门不肯出》的启发而作过一首名为《蝇子透窗偈》的感悟偈，其偈的内容如下：

为爱寻光纸上钻，不能透处几朵难。

忽然撞着来时路，始觉平生被眼瞒。

从表面意义上看，白云禅师的这首诗偈可以这样理解为：苍蝇喜欢朝光亮的地方飞。如果窗上糊了纸，虽然有光透过来，可苍蝇却左突右撞飞不出去，直至找到了当初飞进来的路才得以飞出去，也才明白原来是被自己的眼睛骗了。苍蝇放着洞开无碍的"来时路"不走，偏要钻糊上纸的窗户，实在是徒劳无益、白费工夫。

这首诗偈通俗易懂又意喻深刻，诗中的"来时路"喻指每个人的生活都有值得去品味的地方，只可惜往往不加以注意罢了。而"被眼瞒"一句更是深具寓意，意指人们常常被眼前一些表面现象所欺骗，无法发现生活的真滋味。此偈选取人们常见的景象，语意双关、暗藏机锋，启迪世人不要受肉眼蒙蔽，而要用心灵去体会那些生活中通常被人

们忽略而又美丽的瞬间。

一位哲学家不小心掉进了水里，被救上岸后，他说出的第一句话是：呼吸空气是一件多么幸福的事情。我们看不到空气，日常生活中也很少意识到，但失去它后你才发现，它对我们是多么重要。据说后来那位哲学家活了整整100岁，临终前，他微笑着、平静地重复那句话："呼吸是一件幸福的事。"言外之意是指活着是一件幸福的事。

生活中的快乐无处不在，而在于如何去体会，倘若用心体会便不难感受。生活的幸福是对生命的热情，为自己的快乐而存在，在那些看似无法逾越的苦难面前依然能够仰望苍穹，快乐便会永远伴随左右。

某人是个十足的乐天派，同事、朋友几乎没见他发过愁。大家对此大感不解，若以家境、工作来论，他都算不上好，为什么他却总是一脸的快乐呢？

一位同事按捺不住好奇，问道："如果你丢失了所有的朋友，你还会快乐吗？"

"当然，幸亏我丢失的是朋友，而不是我自己。"

"那么，假如你妻子病了，你还会快乐吗？"

"当然，幸亏她只是生病，而不是离我而去。"

"再假设她要离你而去呢？"

"我会告诉自己，幸亏只有一个老婆，而不是多个。"

同事大笑："如果你遇到强盗，还被打了一顿，你还笑得出来吗？"

"当然，幸亏只是打了我一顿，而没有杀我。"

"如果理发师不小心刮掉了你的眉毛？……"

"我会很庆幸，幸亏我是在理发，而不是在做手术。"

同事不再发问，因为他已经找到了该人快乐的根源——他一直在用"幸亏"驱赶烦恼。

乐观的人无论遭遇何种困难总是会为自己找到快乐的理由，在他们看来，没有什么事情值得自己悲伤凄戚，因为还有比这更糟的，至少"我"不是最倒霉的那一个。相反，悲观的人则显得极度脆弱，哪怕是芝麻绿豆大的小事也会令他们长吁短叹、怨天尤人，所以他们很难品尝到快乐的滋味。

其实，任何事情，有其糟糕的一面，就必有其值得庆幸的一面，如果你能将目光放在"好"的一面上，那么无论遇到何种困难你都能够坦然以对。

只要你愿意，你就会在生活中发现和找到快乐，痛苦往往是不请自来，而快乐和幸福往往需要人们去发现、去寻找。

很显然，如果你不能用心去体会生活中的那部分快乐，同样，如果缺乏珍惜之心也很难意识到快乐的所在，有时甚至连正在历经的快乐都会失去。正如一位哲学家曾说过：快乐就像一个被一群孩子追逐的足球，当他们追上它时，却又一脚将它踢到更远的地方，然后再拼命地奔跑、寻觅。

人们都追求快乐，但快乐不是靠一些表面形式来获得或者判定的，快乐其实来源于每个人的心底。

生活中的情趣是靠心灵去体会的。去掉繁杂，我们的心会更简单，得到更多的快乐。生命短暂，找到自己的快乐才是本质，用心去体会生活，你做得到吗？

五
精明并非智慧,你可以选择糊涂

人生是个万花筒,一个人在复杂莫测的变幻之中需要运用足够的智慧来权衡利弊,以防失手于人。但是,有时候也应以静观动、守拙若愚。这种处世的艺术其实比聪明还要胜出一筹。聪明是天赋的智慧,糊涂是后天的聪明,人贵在能集聪明与愚钝于一身,随机应变,该糊涂时且糊涂。

◆ 不必事事争个明白

　　人生难得糊涂，过分地精打细算有时仍抵不过天算。所以很多时候，我们不妨睁一只眼闭一只眼做人。不过，要做到这一点确实不易，这不仅需要有一定的修养，还需要有一定的雅量。

　　生活中，我们不要总是遇事就争个明白，一些无关紧要的小事就让它们过去算了，为此斤斤计较、争论不休反而会损害自己在众人眼中的形象。

　　寺庙中的两个小和尚为了一件小事吵得不可开交，谁也不肯让谁。第一个小和尚怒气冲冲地去找方丈评理，方丈静心听完他的话之后，郑重其事地对他说："你说得对！"于是第一个小和尚得意扬扬地跑回去宣扬。第二个小和尚不服气，也跑去找方丈评理，方丈听完他的叙述之后，也郑重其事地对他说："你说得对！"待第二个小和尚满心欢喜地离开后，一直跟在方丈身旁的第三个小和尚终于忍不住了，他不解地向方丈问道："方丈，您平时不是教我们要诚实，不可说违背良心的谎话吗？可是您刚才对两位师兄都说他们是对的，这岂不是违背了您平时的教导吗？"方丈听完之后，不但一点儿也不生气，反而微笑着对他说："你说得对！"第三位小和尚此时才恍然大悟，立刻拜谢方丈的教诲。

　　从每一个人的立场来看，他们都是对的，只不过因为每一个人都坚持自己的想法或意见，无法将心比心、设身处地地去考虑别人的想法，所以没有办法站在别人的立场去为他人着想，冲突与争执因此也就在所难免了。如果能够以一颗善解人意的心，凡事都以"你说得对"来先为别人考虑，那么很多不必要的冲突与争执就可以避免了，如此，做人也一定会更轻松。

因此，凡事都要争个是非的做法并不可取，有时还会带来不必要的麻烦或危害。当你被别人误会或受到别人指责时，如果你偏要反复解释或还击，结果就有可能越描越黑，将事情越闹越大。最好的解决方法是，不妨把心胸放宽一些，没有必要去理会。

比如，对于上班族来说，虽然人和人相处总会有摩擦，但是切记要理性处理，不要非得争个你死我活才肯放手。就算你赢了，大家也会对你另眼相看，觉得你是个不给他人留余地、不尊重他人面子的人，于是你会失去真正的朋友。

一位旅游者在意大利的卡塔尼山发现了一块墓碑，碑文记述了一个名叫布鲁克的人是怎样被老虎吃掉的事件。由于卡塔尼山就在柏拉图游历和讲学的城邦——叙拉古郊外，很多考古学家认为，这块墓碑可能是柏拉图和他的学生们为布鲁克立的。

碑文记述的故事是这样的：布鲁克由雅典去叙拉古游学，经过卡塔尼山时发现了一只老虎。进城后，他说卡塔尼山上有一只老虎，城里没有人相信他，因为在卡塔尼山从来就没人见过老虎。

然而，布鲁克却坚持说见到了老虎，并且是一只非常凶猛的虎。可是无论他怎么说，就是没人相信他，最后布鲁克只好说，那我带你们去看，如果见到了真正的虎，你们总该相信了吧？

于是，柏拉图的几个学生跟他上了山，但是转遍山上的每一个角落，却连老虎的一根毛都没有发现。布鲁克对天发誓，说他确实在这棵树下见到了一只老虎，同去的人就说，你的眼睛肯定被魔鬼蒙住了，你还是不要说见到老虎了，不然城里的人会说叙拉古来了一个撒谎的人。

布鲁克很生气地回答：我怎么会是一个撒谎的人呢？我真的见到了一只老虎。在接下来的日子里，布鲁克为了证明自己的诚实，逢人便说他没有撒谎，他确实见到了老虎。可是说到最后，人们不仅见了他就躲，而且背后都叫他疯子。布鲁克来叙拉古游学，本来是想成为一位有学问的人，现在却被认为是一个疯子和撒谎者，这实在让他不能忍受。

为了证明自己确实见到了老虎，在到达叙拉古的第 10 天，布鲁克买了一支猎枪来到卡塔尼山，他要找到那只老虎，并把那只老虎打死，然后带回叙拉古，让全城的人知道他并没有说谎。

可是这一去，他就再也没有回来。3 天后，人们在山中发现一堆破碎的衣服和布鲁克的一只脚。经城邦法官验证，他是被一只重量至少在 500 磅左右的老虎吃掉的。布鲁克在这座山上确实见到过一只老虎，他真的没有撒谎。布鲁克在这场争论中取得了胜利，不过代价却是他宝贵的生命。

急于证明自己清白而为一些小事一争到底的人是愚蠢的，这样做只会白白地损害自己的形象，惹人耻笑。如果你能更大度一点儿，对这些无关紧要的小事一笑置之，那么你一定会赢得更多人的尊敬。

放弃凡事争个明白的傻念头吧，真正的智者从不会为小事斤斤计较，他们总是坚持走自己的路，不管别人怎样评说，而时间最后总会证明他们是正确的。

◆ 糊涂一点，人才会快乐

很多事情你永远也看不清，但看不清并无大碍，你只管做自己的事就可以了。

这个世界上有太多的人和事，你永远都看不清。所以，清醒的时候就难免心烦意乱、不得安宁，因此还是糊涂一点儿更快乐。

曾国藩从小立志要成为圣人，但才能有限，别人都飞黄腾达了，他仍屈居乡里。一天，他闷闷不乐地散步到郊外，看见一座破庙，于是信步走入。

破庙中，一个老僧正拥炉看书，看得津津有味。

曾国藩忍不住上前，想看清那是一本什么书值得这样看。但就在他刚瞟到书名的那一瞬间，那个老僧竟然把书扔进了炉子里。

曾国藩吃了一惊，愣在那里。老僧哈哈大笑，还向曾国藩解释道："我是疯子，我是疯子。"随后进屋睡觉，再不理他。

这件事给曾国藩留下了深刻的印象，很多年后他向李鸿章说起，问李鸿章是否明白疯僧的用意。

李鸿章聪明绝顶，但偏偏不说，假装苦思冥想不得其解，谦虚地说："学生着实不知，还请老师为我解惑吧。"

曾国藩微微叹息道："疯僧烧书之举，意在点醒我。"

"哦？"

"那时我什么都想弄明白，其实什么都不明白，疯僧此举看似疯狂，其实用意颇深。他在告诉我：很多事情是永远看不清的，但看不清并无大碍，你只管做你自己的事就可以了。"

曾国藩的这番话看似简单，其实从佛学里悟出了很深的道理。曾国藩灭太平天国后为朝廷所忌，又被天津教案搞得名声很臭，开始时他弄不清楚为什么自己变成了这样，但这时他已看清这一切都是必然的，这一切也并不重要，因此他终于彻底放弃功名进取，以善人而善终，可谓有福。

人生本就是一场戏，看清了也就释然了。郑板桥的那4个字"难得糊涂"包含着人生最清醒的智慧和禅机，只可惜有一部分人悟不透，大部分人做不到，所以他们终日郁郁寡欢、忙碌不堪，事事要争个明白，处处要求个清楚，结果才发现因为太清醒、太清楚而反倒失去了该有的快乐和幸福，留给自己的也就只剩下清醒之后的创痛。难得糊涂，糊涂难得。留一半清醒留一半醉，才能在平静之中体味人生的酸、甜、苦、辣。古人说："水至清则无鱼，人至察则无徒。"意思是指，水太清澈了，鱼儿们无法藏身，也无法找到可以维持生存的食物，当然只有另寻可以生存的水域。人活得太清楚，对他人要求太苛刻，也就无法交到朋

友，因为所有的人都有这样或那样的缺点，你紧抓着这些不放，当然没有人敢接近你。做事也是如此，有时你只需睁一只眼，闭一只眼就可以了，把事做绝了、做得太清楚了只能让人害怕你的苛刻，讨厌你的精细和烦琐。所以，当你再次要求别人去做事时，别人当然是能避则避、能推则推，这时的你也许还会觉得别人不够义气，却不知是因为你活得太过清醒，要求得太过严格。

所以，人何必活得那么清醒，自己太累，别人也不舒服。

由此可见，只有糊涂一点儿，人才会清醒、才会冷静、才会有大气度，才会有宽容之心，才能平静地看待世间纷纷扰扰的喧嚣、尔虞我诈的争斗；才能超脱于功利与世俗，善待世间的一切，才能居闹市而有一颗宁静之心，待人宽容为上，处世从容自如。

有了"糊涂"这种大智慧，你就会感到"天在内，人在外"，天人合一、心灵自由，获得一种从未有过的解放。

凭着这颗自由的心，你再不会为物所累、为名所诱、为官所动、为色所惑。

有了这种大智慧，你才会翻然顿悟、参透人生、超越生命，不以生为乐，不以死为悲，天地悠悠，顺其自然，人生得以恬静，心灵得以安宁。

◆ 假糊涂是真聪明

以愚钝之状去投机钻营，自然是不可取，但能适当装愚以求明哲保身、躲避锋芒也未尝不可。做人不要太精明，愚钝一点儿有时反而更益于己。这是那些大智者的生存哲学。这种愚，愚得高明，愚得低调，愚得有境界。

揣着明白装糊涂，有时是大智若愚的表现。在与人交往、交谈时，世事洞明、人情练达的人往往懂得适时地假装糊涂，从而达到自己说话的目的。

在现实生活中，人们在进行言辞交往时经常会碰到一些自己不能回答或不便回答但又不能拒而不答的问题，这时，最好的办法就是假装糊涂，巧妙地回避问题。

闪避是言语交际中从礼貌的角度出发的做法，它的要求是：对别人的所问应当回答，但要答得巧妙，迂回地达到躲闪、回避别人问话的目的，既要让别人不致难堪下不了台，又要维护自己不能答、不便答的原则。

阿根廷著名的足球运动员迪戈·马拉多纳在与英格兰球队相遇时，踢进的第一个球是"颇有争议"的"问题球"，据说墨西哥一位记者曾拍下了"用手将球拍入"的镜头。

当记者问马拉多纳，那个球是手球还是头球时，马拉多纳机敏地回答："手球有一半是迪戈的，头球有一半是马拉多纳的。"马拉多纳的回答颇具智慧，倘若他直言不讳地承认"确系如此"，那么对裁判的有效判决无疑是"恩将仇报"，但如果不承认，又有失"世界最佳球员"的风度。而这妙不可言的"一半"与"一半"，等于既承认了球是用手臂撞入的，颇有"明人不做暗事"的大将气概，又在规则上肯定了裁判的权威，也具有了君子风度。

另外，与人交往中，往往由于对方提出的问题比较敏感或者涉及某种"隐私"不好回答，然而面对客人又不能不答，这时也需用假装糊涂来给予回答。不过这种假装糊涂与前面所提到的假装糊涂有所不同，前面所提到的假装糊涂是故意让对方知道自己在为对方掩盖错误以便取得对方信任或增加友谊的一种主动行为，而这种假装糊涂是在对方首先提出问题，自己本不想答但又不得不答的情况下或"移花接木"或"引入歧途"，从而使对方既不尴尬，自己又能反客为主的应变技巧。

五 精明并非智慧，你可以选择糊涂

两者虽归于一类，却有质的不同。

一次，乾隆皇帝突然问刘墉一个怪问题："京城共有多少人？"刘墉虽猝不及防却非常冷静，立刻回答："只有两人。"乾隆问："此话何意？"刘墉答曰："人再多，其实只有男女两种，岂不是只有两人？"乾隆又问："今年京城里有几人出生？有几人去世？"刘墉回答："只有一人出生，却有12人去世。"乾隆问："此话怎讲？"刘墉妙答曰："今年出生的人再多，也都是一个属相，岂不是只出生一人？今年去世的人则12种属相皆有，岂不是死去12人？"乾隆听了大笑，深以为然。确实，刘墉的回答极妙。因为皇上发问，不回答不行；答吧，心中无数又不能乱侃，因此他才急中生智，趣对皇上。这就叫做所问非所答。

洪武年间的郭德成就是一个大智若愚的聪明人。

当时的郭德成任骁骑指挥，一天，他应召到宫中，临出来时，明太祖拿出两锭黄金塞到他的袖中，并对他说："回去以后不要告诉别人。"面对皇上的恩宠，郭德成恭敬地连连谢恩，并将黄金装在靴筒里。

但是，当郭德成走到宫门时，只见他东倒西歪，俨然是一副醉态，快出门时，他又一屁股坐在门槛上，脱下了靴子，于是靴子里的黄金自然也就露了出来。

守门人见到郭德成的靴子里藏有黄金，立即向明太祖报告，明太祖见守门人如此大惊小怪，不以为然地摆摆手："那是我赏赐给他的。"

有人因此责备郭德成："皇上对你偏爱，赏你黄金，并让你不要对别人讲，可你倒好，反而故意露出来闹得满城风雨。"对此，郭德成自有高见："要想人不知，除非己莫为。你们想想，宫廷内如此严密，藏着金子出去，岂有别人不知之理？别人既知，岂不说是我从宫中偷的？到那时，我怕浑身长满了嘴也说不清了。再说我妹妹在宫中服侍皇上，怎么知道皇上不是以此来试一试我的呢？"

现在看来，郭德成临出宫门时故意露出黄金确实是聪明之举。恰如郭德成所言，到时的确有口难辩，而且从明太祖的为人看，这类试探的

事也不是不可能发生。郭德成的这种做法可以说是大智若愚的体现，他不只是装傻，更是预料到可能出现的麻烦，防患于未然。

在现实生活中，一般人很难达到大智若愚的境界，但这并无妨，只要为人、做事、说话懂得适时地假装糊涂、避重就轻，就能够取得良好的交际效果。

◇ 糊涂的哲学

世间本无绝对的对与错，更无绝对的公平，有时候要想活得轻松，就必须适当地让自己"糊涂"一下、"委屈"一下。

某女士新近购置了一所住房，装修时托付室内设计师为自己的卧室装饰了一些窗帘。然而，等到账单送来时，她不禁瞠目结舌——太贵了，既然已经买了，心疼也没有办法。

几天后，她的一位朋友前来造访，她们来到卧室，朋友很快就被那副窗帘吸引了："哦，它真的很漂亮，不是吗？你花了多少钱？"但当她说出价钱时，朋友的脸上不禁呈现出怒色："什么？你被骗了！他们太过分了！"

诚然，那位朋友说的是实话，但又有谁喜欢别人轻视自己的判断力呢？于是，房主开始为自己辩护，她告诉朋友：一分钱一分货，斤斤计较的人永远不可能买到既有品位而质量又高的东西。接着，二人你一言、我一语，展开了唇枪舌战，最终不欢而散。

又过了几天，另一位朋友也来参观新居，与前面那位朋友不同，她一直对那些窗帘赞赏有加，并有些失落地表示希望自己也能买得起这种精美的窗帘。听到这番话，房子的主人坦言，其实自己也不想买这么贵的窗帘，确实有些负担不起，现在有些后悔了。

五 精明并非智慧，你可以选择糊涂

117

人在犯错时也许会对自己承认，但如果被人直言不讳地指出来则往往很难接受，甚至会为维护自己的尊严而展开反击。试想，如若有人硬将鱼刺塞进你的咽喉，你会作何反应？话，有时不必说得太明白，即使事实摆在那里，也不该由你去揭破，让自己含糊一点儿，没有人会怀疑你的智商。事实上，如果换一种方式去渗透，反而会收到更好的效果。

这天早上，张然来到了总经理办公室。

"总经理，昨天交给您的文件签好了吗？"

总经理眯着眼睛想了想，随后又翻箱倒柜地找了一遍，最后很无奈地摊开双手："不好意思，我从没见过你交上来的文件。"

倘若是在两年前，倘若刚刚毕业，张然一定会据理力争："总经理，我明明将文件交给了您，而且亲眼看着您的秘书将它摆在了办公桌上，是不是您将它当做废纸丢掉了？"

但是现在，在吃过几次亏以后，她变得聪明了，现在的她决不会这样做。只听她平静地说道："那有可能是我记错了，我再回去找一下吧。"

张然回去以后并没有去找什么文件，而是直接将文件原稿从电脑中调出，重新打印了一份。当她再次将文件放到总经理面前时，对方只是象征性地扫了一眼，便爽快地签了字。

其实，总经理心里非常清楚文件的去向。

有些时候，谁是谁非并不重要。人在矮檐下，争辩又有何用呢？反而有可能会因此断送了自己的前程。假装糊涂，找个台阶给对方下，也许你会得到意想不到的收获。

对于职场中人而言，上司就是主宰你前途的那个人，正所谓"人在屋檐下，怎能不低头"，在一些小事上你留给他足够的面子，他自然会心知肚明，因此在将来的某些"大事"上，他也一定会给予你相应的关照。

◆ 不显不露是一种低调的行事策略

大多数人在春风得意时都极易喜形于色、夸耀自己；身处高位，都易颐指气使、飞扬跋扈；稍有才能便妄自尊大、目中无人，那种唯恐天下人不知的彰显心理不知害了多少人。保持低调行事作风的人却恰恰相反，他们无论在什么情况下都不显山露水，不愿意让别人看到自己高出于人的那一面。

唐朝大将郭子仪因为平叛有功，所以备受器重，但功高权重的郭子仪被宦官们视为眼中钉。代宗大历二年十月，正当郭子仪领兵在灵州前线与吐蕃军拼杀的时候，鱼朝恩却偷偷派人掘了他父亲的坟墓。当郭子仪从泾阳班师回朝时，朝中君臣都捏了一把汗，怕他回来不肯和鱼朝恩善罢甘休，闹得上下不安。郭子仪入朝的那一天，代宗主动提了这件事，郭子仪却躬身自责，说："臣长期带兵打仗，治军不严，未能制止军士盗坟的行为。现在，家父的坟被盗，说明臣的不忠不孝已得罪了天地。"君臣听后都由衷地佩服郭子仪坦荡的胸怀。

郭子仪心里明白，自己的功劳越大，麻烦就越大，就是当朝皇帝代宗也会对自己有所顾忌。所以，他处处谨慎小心，低调处世以求自保。每次代宗给他加官晋爵，他都恳辞再三，实在推辞不掉才勉强接受。广德二年，代宗要授他"尚书令"，他死也不肯，说："臣实在不敢当！当年太宗皇帝即位前曾担任过这个职务，后来几位先皇为了表示对太宗皇帝的尊敬，从来没有把这个官衔授给臣子，皇上怎能因为偏爱老臣而乱了祖上规矩呢？况且臣才疏德浅，已累受皇恩，怎敢再受此重封呢？"代宗没法，只得另行重赏。

郭子仪以豁达大度和深谋远虑得以保全了自己。他位极人臣，满堂

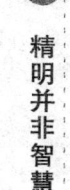

儿孙，享尽了人间的荣华富贵。

有一出戏叫做《打金枝》，其中代宗曾对公主说："你公公若想当皇帝的话，还真轮不到我们老李家！"可见郭子仪功高盖世，但他深知谁能一人打天下呢？官与钱不能都一人独得。适当的时候要表现得低调一些，为别人提供点儿方便也是理所当然的事。

然而，并不是所有的人都能保持如此清醒的头脑，这就是许多为人臣者虽然战功赫赫却最终落得身首异处的原因。精通世事的人很清楚其中的道理，他们以低调换取了永享安康富贵，达到了生存的至高境界。

汉更始元年，刘秀指挥昆阳之战，震动了王莽朝廷。然而，刘秀兄弟的才干也引起了更始皇帝刘玄的忌妒。刘玄本是破落户子弟，投机参加了农民起义军，没有什么战功，自当上更始皇帝后，整日饮酒作乐，不事朝政。刘玄怕刘秀兄弟夺取了他的皇位，便以"大司徒刘縯久有异心"的莫须有罪名，将立有战功的刘縯杀害了。刘秀接到兄长刘縯被杀害的消息后几乎昏厥，但他当着信使的面仍极力克制自己，说道："陛下圣明。刘秀建功甚微，受奖有愧，刘縯罪有应得，理应诛之。请奏陛下，如蒙不弃，刘秀愿尽犬马之劳。"刘秀转而又对手下众将说："家兄不知天高地厚，命丧宛县，自作自受，我等当一心匡复汉室，拥戴更始皇帝，不得稍有二心。皇帝如此英明，汉室复兴有望了。"刘秀的这种虔诚态度感动得众将纷纷泪下。刘秀突然遭此打击自然难以忍受，然而他心里清楚，刘玄既然杀了兄长，对自己也难以容得下。此后，刘秀对刘玄更加恭谨，绝口不提自己的战功。刘秀的行动，早已有人密报给刘玄。刘玄在放心的同时，觉得有些对不起刘秀，便封刘秀为破虏大将军，行大司马之事，并令刘秀持令到河北巡视州郡。刘秀借机发展自己的力量，定河北为立足之地。更始三年初春，刘秀实力已壮，便公开与刘玄决裂。更始三年（公元25年）六月己未日，刘秀登基，号称光武帝，建国号汉，史称东汉。此时，刘秀只有32岁，正是年轻

气盛、成就大业的时候。以屈求伸,"忍小愤而就大谋",终使刘秀化险为夷,创建了东汉王朝。

力求出人头地是一种积极的人生态度,无可厚非,但急于出头,行高于人,让自己鹤立鸡群,必定会遭到别人的忌妒和排斥。细观郭子仪和刘秀的处世之态,也许你会得到许多启发。你可以让自己的才能高出于人,但绝不可让自己显出高人一等的姿态。不显不露是一种低调,也是生存达到更高境界的有力保障。

◆ 糊涂一点儿,家更和睦

生活就是如此,太过计较的人往往不容易获得幸福。在婚姻与爱情的舞台,无论男女都不要将自己锻炼成那个太计较、太精明的人。幸福的来源在于方圆与精明之间,所以你一定要演好自己的角色。

两个再好不过的恋人也是两个独立的"世界"。这两个完全独立的个体只能互相映照、互相谅解,最大可能地去异求同,而绝不可能完全重合为一。鉴于此,为使小家庭中的爱情之花常开不萎,都能开开心心地去从事社会工作,就要从互相关照、互相谅解和去异求同上下工夫,这就是"方圆"维系家庭和睦的真谛所在。

但令人烦恼的是,两个相爱的人却往往表现出极为强烈的不信任,总想把对方了解得一清二楚,总想让对方按照自己的意志行事,总怀疑对方对自己的忠贞。理论家把这类现象归纳为由于"爱"而产生的恐惧症,是获得之后的最不愿意失去。对于控制对方,无论男人还是女人都有自己的一套方式方法,尤其是女人最容易表现出不容对方喘息的执著。

中国古代有一个很"美丽"的悲剧故事叫做《秋胡戏妻》，说的是男人的不是。但用当代的观点来看，悲剧里的女人本来是受害者，因为过于较真，才致其自寻短见。

故事中叙述了有个叫秋胡的人，娶妻5天就离家到外地做官去了。5年之后春风得意地回来了，快走到自家村庄的时候，看见田野里有一位楚楚动人的女子在采桑叶，于是秋胡看呆了，就下了马车走到女子面前，以就餐、求宿、许金进行挑逗，结果被女子一一回绝。回家后，见过父母，使人召回妻子，竟发现那位采桑叶的妇人，于是秋胡觉得惭愧不说，妻子开始数落起他来，说他离别父母5年了，不是着急回家，反而调戏路边的妇人，是不孝、不义之人。不孝的人就会对君不忠；不义的人则会做官不清，于是，出村往东跑去，投河自尽了。

按封建社会的伦理道德（《素女经》），采桑的女子没有对调戏她的男人立即顶撞回去或马上走开，虽为之拒绝却有周旋之嫌，这就失去了贞节。所以，后人为了表彰她的节烈，建起了一座座的"秋胡庙"。庙里供奉的却是这位青年女子，因为她没有留下自己的名字，所以就用她丈夫的名字做了庙名。其实，这位女子大可不必这样较真，她的丈夫已经表示惭愧了，她也并没有什么轻佻的言行，完全可以教训丈夫几句，就什么都过去了。她的丈夫甚至可能已经认出了她，只不过是故意开个玩笑试探她的忠贞，如此，夫贵妻荣，岂不皆大欢喜？

值得我们深思的是，古代的悲剧故事并不过时，在现实生活里，因为丈夫的拈花惹草或者只是怀疑丈夫另有第三者，于是在争吵、纠缠中自杀殉情的也大有人在。其实，在婚姻与爱情问题，当事人不妨糊涂一点，睁只眼闭只眼，过于较真只会两败俱伤。

六
获得未必要索取，你可以选择给予

懂得给予才有资格享受获得，所谓"送人玫瑰，手留余香"，换言之，帮助别人就是帮助自己。你想要得到什么，首先要做出相应的付出，你给予得越多，得到的也越多，你越吝啬，就越一无所有。

◆ 懂得分享，才能拥有一切

独占好处是一种狭隘的心态，它会扭曲你的心理，并最终毁灭自己，所以，我们要懂得与人分享。独享只会令他人心生不满与恨意，最终令你成为孤家寡人、一无所有。

一个农夫请无相禅师为他的亡妻诵经超度，佛事完毕之后，农夫问道："禅师，你认为我的亡妻能从这次佛事中得到多少利益呢？"

禅师照实说道："佛法如慈航普度，如日光遍照，不只是你的亡妻可以得到利益，一切有情众生无不得益呀！"

农夫不满意地说："可是我的亡妻是非常娇弱的，其他众生也许会占她便宜，把她的功德夺去。能否请您只单单为她诵经超度，不要回向给其他的众生。"

禅师慨叹农夫的自私，但仍慈悲地开导他说："回转自己的功德以趋向他人，使每一个众生均沾法益。"

农夫仍然顽固地说："这个教义虽然很好，但还是要请禅师为我破个例吧。我有一位邻居叫张小眼，他经常欺负我、害我，我恨死他了，所以，如果禅师能把他从一切有情众生中除去，那该有多好呀！"

禅师以严厉的口吻说道："既曰一切，何有除外？"

听了禅师的话，农夫更觉得茫然，若有所失。

自私、狭隘的心理，在这个农夫身上表露无遗。每个人都希望自己好，但如果你容不得别人好或别人比你好，那就是自私加狭隘。自私、狭隘会毁了自己的生活，我们必须努力使自己学会与人分享。

村里有两个要好的朋友，他们也是非常虔诚的教徒。有一年，两人

决定一起到遥远的圣山朝圣，两人背上行囊，风尘仆仆地上路，誓言不达圣山朝拜绝不返家。

两位教徒走了两个多星期之后，遇见一位年长的圣者。圣者看到这两位如此虔诚的教徒千里迢迢要前往圣山朝圣，就十分感动地告诉他们："从这里距离圣山还有7天的路程，但是很遗憾，我在这个十字路口就要和你们分手了，但在分手前，我要送给你们一个礼物，就是你们当中一个人先许愿，他的愿望一定会马上实现；而第二个人就可以得到那个愿望的两倍。"

听完了圣者的话，其中一个教徒心里想："这太棒了，我已经知道我想要许什么愿，但我决不能先讲，因为如果我先许愿，我就吃亏了，他就可以有双倍的礼物！不行！"而另外一个教徒也忖："我怎么可以先讲，让我的朋友获得双倍的礼物呢？"于是，两位教徒就开始客气起来，"你先讲吧！""你比较年长，你先许愿吧！""不，应该你先许愿！"两位教徒彼此推来推去，"客套地"推辞一番后，两人就开始不耐烦起来，气氛也变了："烦不烦啊？你先讲啊！""为什么我先讲？我才不要呢！"

两人推到最后，其中一人生气了，大声说道："喂，你真是个不识相、不知好歹的家伙啊，你再不许愿的话，我就把你掐死！"

另外那个人一听，他的朋友居然变脸了，竟然来恐吓自己，于是想，你这么无情无义，我也不必对你太有情有义！我没办法得到的东西，你也休想得到！于是，这个教徒干脆把心一横，狠心地说道："好，我先许愿！我希望……我的一只眼睛瞎掉！"

很快地，这位教徒的一只眼睛瞎掉了，而与他同行的好朋友，其两只眼睛也立刻都瞎掉了。狭隘的心理不但让两个好朋友闹翻脸，甚至还让人通过伤害自己的方式来毁灭他人。如果一个人养成了狭隘自私的心态，那么他会变得多可怕，所以我们必须学会与他人分享。

林帆被老板叫到办公室去了,他领导的团队又为公司的项目开发作出了杰出贡献。送茶进去的秘书出来后告诉大家,老板正在拼命地夸林帆,她从来没见过老板那样夸过一个人,于是研发小组的几个人的脸沉了下来:"凭什么呀!那并不是他一个人的功劳!""对呀!为了这个项目,我们连续加了 17 天的班!"正在这时,老板和林帆来到了大厅,"伙计们,干得好!"老板把赞赏的目光投向几个组员,"林部长向我夸赞了你们所付出的努力!听说有两个还带病加班,是吗?真诚地谢谢你们!这个月你们可以拿到 3 倍的奖金!"老板的话音刚落,几个同事就冲过去拥住林帆一起欢呼起来,并表示以后会跟着林部长为公司继续努力工作。

懂得分享的人才能拥有一切;自私狭隘的人终将被人抛弃。无论是工作中还是生活中,我们都要摒弃自私狭隘的习惯,否则我们最终会伤害自己。

◇ 受人滴水之恩,当以涌泉相报

古人云:"受人滴水之恩,当以涌泉相报。"为何回报如此之重?因为这滴水便是活命之水。试想,倘若一个人在沙漠中即将渴死,而此时此刻你适时送上一捧清凉甘甜的泉水,解救了他的性命,对方会作何感想?能不为你肝脑涂地,以作报答?

中山国的国君宴请都城里的士大夫,大夫司马子期也在座。由于羊羹不够,司马子期没能吃上,他一怒之下跑到了楚国,并煽动楚王攻打中山,中山君逃走。这时,有两个人提着武器尾随在他的后面,中山君回过头来问两人:"你们为什么跟着我?"两人回答:"我们的父亲曾经

快要饿死的时候,多亏您给了他饭吃,才没有死。父亲在临死的时候叮嘱我们:'中山一旦有急难,你们俩一定要冒死去保护。'所以我们是来保护您、为您献身的。"中山君听罢,仰天长叹:"给人东西不在于多少,应该在他灾难困苦的时候给予帮助;怨恨不在于深浅,关键是不要使人伤心。我因为一杯羊羹亡了国,却因为一碗饭得到了两个勇士。"

在人际交往中,一些人总是希望自己能占便宜,总想从别人那里得到些利益,世上哪有这样的好事?正所谓"将欲取之,必先予之",你想从别人那里得到什么,就必须在某一方面有所付出。不过这"予",也要"予"得有"计巧"。

众所周知,论文,宋江不及吴用、卢俊义等人,论武,更不可与林冲、秦明、关胜、武松等人相提并论,但他为何能受到梁山众好汉的推崇,稳坐第一把交椅?其实,这完全要得益于宋江会"予"。宋江有个外号叫"及时雨",他之所以得此名,是因为他常在英雄好汉们受困之际适时伸手援助,令对方顿生"久旱逢甘霖"之感,于是宋江在江湖上声名大好,就连梁山那性格不一、脾气暴躁的107个草莽英雄都甘愿受他驱使,唯他马首是瞻。

在日常生活中,我们也常见到有人受困,这时我们若能在对方最需要帮助的时候扮演"关键先生"的角色,对方一定会对我们的恩情须臾不忘,并力图竭力报答我们的"大恩大德"。

太阳西下,一个贫穷的小男孩因为要筹够学费而逐户做着推销,此时,筋疲力尽的他腹中一阵作响。是啊,已经一天没吃东西了!小男孩摸摸口袋——那里只有1角钱,该怎么办呢?思来想去,小男孩决定敲开一家房门,看能不能讨到一口饭吃。

开门的是一位年轻美丽的女孩,小男孩感到非常窘迫,他不好意思说出自己的请求,便临时改了口,讨要一杯水喝。女孩见他似乎很饥饿的样子,于是便拿出了一大杯牛奶,小男孩慢慢地将牛奶喝下,礼貌地

问道："我应该付多少钱给您？"女孩答道："不需要，你不需要付1分钱。妈妈时常教导我们，帮助别人不应该图回报。"小男孩很感动，他说，"那好吧，就请接受我最真挚的感谢吧！"

走在回家的路上，小男孩感到自己浑身充满了力量，他原本打算退学，可是现在他似乎看到上帝正对着他微笑。

多年以后，那个女孩得了一种罕见的怪病，生命危在旦夕，当地的医生皆爱莫能助。最后，她被转送到大城市，由专家进行会诊治疗。而此时此刻，当年那个小男孩已经在医学界大有名气，他就是霍华德·凯利医生，而且也参与了医疗方案的制订。

当霍华德·凯利医生看到病人的病历资料时，一个奇怪的想法，确切地说应该是一种预感直涌心头，他直奔病房。是的！躺在病床上的病人就是曾经帮助过自己的"恩人"，他暗下决心一定要竭尽全力治好自己的恩人。

从那以后，他对这个病人格外照顾，经过不断地努力，手术终于成功了。护士按照凯利医生的要求，将医药费通知单送到他那里，他在通知单上签了字。

而后，通知单送到女患者手中，她甚至不敢去看，她确信这可恶的病一定会让自己一贫如洗。然而，当她鼓足勇气打开通知单时，她惊呆了，只见上面写着：医药费——一满杯牛奶，霍华德·凯利医生。

在一念之间种下一粒善因，很有可能会令你收获意想不到的善果。做人没有必要太过计较，与人为善，又何尝不是与己为善？当我们为人点亮一盏灯时，是不是同时也照亮了自己？当我们送人玫瑰之时，手上必然还缠绕着那缕芬芳。

在平常的日子里，给马路上的乞讨者一块蛋糕、为迷路者指点迷津、用心倾听失落者的诉说……这些看似平常的举动却渗透着朴素的爱，折射着来自灵魂深处的人格光芒。

助人就是助己，这样做了，相信你一定能够体会到它的妙处。

从另一个角度来讲，在助人的同时，我们也可以培养自身的实力，就像人们常说的那样："帮助别人往上爬的人一定会爬得更高。"

美国有一个州，每年都举办玉米品种大赛，有一个农夫的成绩相当优异，经常是特等奖及优等奖的得主。他在得奖之后总会毫不吝惜地将得奖的种子分送给街坊邻居。

有一位邻居很诧异地问他："你的奖项来之不易，每季都看你投入大量的时间和精力来做品种改良，为什么还这么慷慨地将种子送给我们呢？难道你不怕我们的玉米品种因此超越你的吗？"

农夫回答："我将种子分送给大家、帮助大家，其实也就是帮助我自己。"

原来，这位农夫所居住的城镇是典型的农村形态，家家户户的田地都毗邻相连，如果农夫将得奖的种子分送给邻居，邻居们就能改良他们玉米的品种，也可以避免风在传递花粉的过程中将邻近的较差的品种转而传染给自己的品种，这样农夫才能够专心致力于品种的改良。

付出总会得到一定的回报，那些心中只有自己的人很难在社会上立足，因为没有众人的支持与帮助，任谁也无法成就一番事业。

◇ 付出越多，收益越多

任何一种真诚而博大的爱都会在现实中得到应有的回报。付出你的爱，给别人力所能及的帮助，你的人生之路将多些通途、少些险阻。

关爱他人，你所付出的仅是一点儿爱心，你收回的却是巨大的幸福。请相信爱心是能够被传递的，关爱他人就是关爱自己。

有一个人被带去观赏天堂和地狱，以便比较之后能让他聪明地选择自己的归宿。他先去看了魔鬼掌管的地狱，第一眼看去条件非常好，因为所有的人都坐在酒桌旁，桌上摆满了各种佳肴，包括肉、水果、蔬菜。

然而，当他仔细看那些人时，发现没有一张笑脸，也没有伴随盛宴的音乐狂欢的迹象。坐在桌子旁边的人看起来沉闷、无精打采，而且皮包骨头。更奇怪的是，那些人的左臂都捆着一把叉，右臂捆着一把刀，刀和叉都有4尺长的把手，使他们不能用来自己喂自己吃，所以即使每一样食品都在他们手边，结果还是吃不到，一直在挨饿。

然后他又去了天堂，景象与地狱完全一样：食物、刀、叉和那些4尺长的把手，然而，天堂里的居民都在唱歌、欢笑。这位参观者困惑了，他奇怪为什么条件相同，结果却如此不同，地狱中的人都挨饿而且可怜，可是天堂中的人吃得很好而且很快乐。最后，他终于看到了答案：地狱里的每一个人都试图喂自己，可是依靠一刀一叉以及4尺长的把手根本不可能吃到东西；天堂里的每一个人都是喂对面的人，而且也被对面的人所喂，因为互相帮助，所以谁都可以吃到食物。

在关爱他人的同时，你就是在为自己播下一粒与人为善的种子，随着时光的流逝，它会发芽、抽叶，直至长得枝繁叶茂。它不仅能够为他人挡风遮雨，也能呵护你，帮助你获得幸福。

小城里有一对待人极好的夫妇不幸下岗了，在朋友、亲属以及街坊邻居们的帮助下，他们开起了一家火锅店。

刚开张的火锅店生意清冷，全靠朋友和街坊照顾才得以维持。但不出3个月，夫妇俩便以待人热忱、收费公道而赢得了大批的"回头客"，火锅店的生意也一天天地好起来。

然而，几乎每到吃饭的时间，小城里的七八个大小乞丐都会成群结队地到他们的火锅店来行乞，而夫妇俩总是和颜悦色地对待这些乞丐，

从不呵斥辱骂。其他店主则对这些乞丐连撵带哄，一副讨厌至极的表情。而这对夫妇则每次都会笑呵呵地给这些肮脏邋遢、令人厌恶的乞丐盛满热饭热菜。最让人感动的是夫妇俩施舍给乞丐们的饭菜都是从厨房里盛来的新鲜饭菜，并不是那些顾客用过的残汤剩饭。他们给乞丐盛饭时，表情和神态十分自然，丝毫没有做作之态，就像他们所做的这一切原本就是分内的事情一样，正如佛家禅语所说的，这是一对"善心如水的夫妻"。

　　日子就这样一天天地过着，一天深夜，火锅店周围燃起了大火，火势很快便向火锅店蹿来，如果温度过高，店里的液化气罐很可能引发爆炸。

　　这一天，恰巧丈夫去外地进货，店里只留下女主人照看。一无力气二无帮手的女店主眼看辛苦张罗起来的火锅店就要被熊熊大火吞没，女店主却束手无策。这时，只见平常天天上门乞讨的乞丐们不知从哪里跑了出来，在老乞丐的率领下冒着生命危险将那一个个笨重的液化气罐搬运到了安全地段。紧接着，他们又冲进马上要被大火包围的店内，将那些易燃物品也全都搬了出来。消防车很快开来了，火锅店由于抢救及时，虽然也遭受了一点儿小小的损失，但最终还是保住了，而周围的那些店铺却因为得不到及时的救助，货物早已烧得精光。火锅店重新开张之后，几个乞丐就做了店里的伙计。从那以后，火锅店的生意更是越做越大，那对夫妇把火锅店的连锁店一直开出了小城，遍布了整个城市。

　　生活就像是山谷里的回声，你喊"我恨你"，它也会回答你"我恨你"；你喊"我爱你"，它也会回答你"我爱你"。以自己的诚心爱别人，就像是在生活的银行里存了一笔钱，当你在危难时，你存入的那笔钱自然会起作用。而且你存得越多，收益也就越多，并且它还会给你带来一种附加值，那就是极好的信誉和人缘，让你在世间越行越畅达。

◆ 互相"利用"的结果是互惠

人类最大的财富正是资源的分享。在现实社会中，只要不是损人利己，在物竞天择的自然规律下，互利是一种合理的行为，是人际间互动形态的多元与多样的表现。

在一个伸手不见五指的夜晚，一个僧人行走在漆黑的道路上，因为夜太黑，僧人被路人撞了好几次。

为了赶路，僧人继续走着，突然看见有个人提着灯笼向他这边走过来，这时候旁边有人说："这个瞎子真是奇怪，明明什么都看不见，可每天晚上还打着灯笼。"

路人的话让僧人挺纳闷，盲人挑灯岂不多此一举？等那个提着灯笼的盲人走过来的时候，他便上前询问道："请问施主，老僧听说你什么都看不见，这是真的吗？"

那个盲人回答说："是的，我从一生下来就看不到任何东西，对我来说白天和黑夜是一样的，我甚至不知道灯光是什么样子。"

僧人十分迷惑地问："既然你什么都看不到，为什么还要提着灯笼呢？难道是为了迷惑别人，不让别人知道你是盲人吗？"

盲人不慌不忙地说："不是这样的。我听别人说，每到晚上，人们都变成跟我一样了，什么都看不见。因为夜晚没有灯光，所以我就在晚上打着灯笼出来。"

僧人无限地感叹道："你真是会为人着想呀，你的心地真是善良！原来你完全是为了别人！"

盲人连忙回答："不是，其实我是为了我自己。"

僧人一怔，非常惊讶，便不解地问道："为自己？怎么这么说呢？"

盲人答道："你刚才过来的时候，有没有人碰撞过你？"

僧人回答："有呀，就在刚才，我被好几个人不小心撞到了。"

盲人莞尔一笑，说："我是盲人，什么也看不见，但是我从来没有被别人碰撞过。知道为什么吗？因为我提着灯笼，灯笼照亮了我自己，这样他们就不会因为看不到我而撞到我了。"

盲人的想法很简单：点着灯笼照亮自己，免得被撞倒，甚至撞伤。这种想法听起来有点儿自私，但从另一个角度来看，他的"自私"不仅保护了自己，而且还帮助了别人。借着灯笼的光亮，路人走路时也方便了很多，这种互利的结果是互惠。

安东尼·罗宾谈起华人首富李嘉诚时说："他有很多的哲学我非常喜欢。有一次，有人问李泽楷，他父亲教了他一些怎样成功赚钱的秘诀，李泽楷说赚钱的方法他父亲什么也没有教，只教了他做人处世的道理。李嘉诚这样跟李泽楷说，假如他和别人合作，假如对方拿七分合理，八分也可以，那李家拿六分就可以了。"也就是说：他让别人多赚两分。所以每个人都知道，跟李嘉诚合作会赚到便宜，因此更多的人愿意和他合作。仔细想想就会发现，虽然他只拿六分，但现在多了100个人，他现在多拿了多少分？假如拿八分的话，100个会变成5个，结果是亏是赚可想而知。

李嘉诚是个精明的生意人，而做生意都是以赢利为目的的。赔钱的买卖没人愿意做，与别人合作时，自己总是少拿两分，由此体现了李嘉诚高明的生意手段！其他生意人因为和李嘉诚合作，每笔生意多赚了两分，但李嘉诚因为少拿这两分而多赚了几百分。

◇ 适时地付出将会得到更多的回报

懂得存情的聪明人，平时就很讲究感情投资，遇到困难时就很容易得到别人的支持和帮助。

很多人都有一本或数本的银行存折，如果你在年初存入 5000 元，到了年底，你会发现，存折上不只是 5000 元，还有利息。做人也是如此，你需要得到什么，就需要什么方面的付出。

胡雪岩原本只是杭州的一名小商人，但他非常善于经营，又很会做人、通晓人情，懂得"惠出实及"的道理，所以他常常给周围人一些小恩小惠。

当时，杭州正好有个小官员名叫王有龄，他一直都想往上爬，但苦于没有钱做敲门砖。胡雪岩与他素有来往，随着交往的加深，两人发现彼此有共同的目的，只是殊途同归，于是王有龄就对胡雪岩说："雪岩兄，我并非无门路，只是手头无钱，空手总是套不了白狼。"胡雪岩听了就说："这个好办，我愿意倾家荡产来帮助你。"王有龄听了大喜，说，"我富贵了，绝不会忘记胡兄。"

就这样，胡雪岩变卖了所有家产，筹措了几千两银子送给王有龄，让王有龄上京求官。王有龄去了京城后，胡雪岩仍然重操旧业，别人都嘲笑胡雪岩，认为他的银子是有去无回，但他对别人的讥笑丝毫没有放在心上。

几年以后，有一天，王有龄穿着巡抚的官服登门拜访了胡雪岩，问胡雪岩有什么要求，于是胡雪岩对他说："我祝贺你官运亨通，但我并没有什么要求。"王有龄是个讲义气的人，他想报答当初赠银之恩，于

134

是便利用职务之便,命令军需官到胡雪岩的店中购物。胡雪岩的生意自然是越来越好,也越做越大,他与王有龄的关系也比以前更密切了。

然而好景不长,后来爆发了太平天国起义,太平军占领了杭州城,而王有龄也因此上吊自杀了。虽然胡雪岩骤然间失去了一个稳固的靠山,但他并没有苦闷多久。为左宗棠的湘军办粮饷和军火,一下子就赢得了左宗棠的好感和信任。就这样,随着左宗棠的权势越来越大,胡雪岩的生意也越做越大,真可谓吉星高照。后来,他还被左宗棠举荐为二品大官,成了大清朝唯一的一位"红顶商人"。

其实,吃亏与占便宜正如祸福相倚一般,有时"失"就是"得","得"就是"失"。今天你在朋友面前"吃了亏",或许在不久的将来就会得到厚报,这些"报酬"有可能是朋友的"还礼",有可能是朋友的信任与尊重,也有可能是其他不明因素。相反,如果你在与人交往的过程中一心想着占便宜,到最后吃大亏的一定会是你,轻者会朋友尽散、求助无门,重者甚至有可能身败名裂、遗臭万年。

◆ 在别人需要帮助的时候及时地伸出援手

生活就像山谷的回声,你付出什么就得到什么,你帮助的人越多,得到的就越多。因此,如果你有能力帮助别人的话,请千万别选择冷漠。

冷漠自私的心态会拉大人与人之间的距离,一个过分在意自己所有、无视他人困苦的人,终究会被他人抛弃。

一个寒冷的夜晚,一个简陋的旅店来了一对上了年纪的客人,不幸的是,这间小旅店早就住满了人。

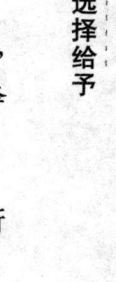

"这已是我们寻找的第 4 家旅店了，这鬼天气，到处客满，我们怎么办呢？"这对老夫妇望着阴冷的夜晚发愁。

店里的小伙计不忍心让这对老年客人受冻，便建议说："如果你们不嫌弃的话，今晚就睡在我的床铺上吧，我自己打烊时在店堂打个地铺。"

老夫妇非常感激。第二天他们要按照旅店住宿的价格付房费，小伙计坚决地拒绝了。临走时，老夫妇开玩笑地说："如果你经营旅店，你可以当上一家五星级酒店的总经理。"

"是吗？真希望是那样，我也想多挣一点儿，让家人过得舒舒服服的！"小伙计随口应和地哈哈一笑。

没想到，两年后的一天，这个小伙计收到一封寄自纽约的来信，信中夹有一张往返纽约的双程机票，信中邀请他去拜访当年那对睡他床铺的老夫妇。

小伙计来到繁华的大都市纽约，老夫妇把小伙计带到大街上，指着那儿的一幢摩天大楼说："这是一座专门为你兴建的五星级宾馆，现在我们正式邀请你来当总经理。"

小伙子因为一次举手之劳的助人行为而使美梦成真。这就是著名的奥斯多利亚大饭店的总经理乔治·波菲特和他的恩人威廉先生一家的真实故事。这个小伙计给了老夫妇一次热情的帮助，而他得到的回报是一家五星级酒店。很多时候帮助别人就是帮助自己，乐于助人的人会得到厚报，而冷漠自私的人只会伤害到自己。

生活中，一些人冷漠自私，在他们固有的思维模式中，认为要帮助别人自己就要有所牺牲，所以事不关己，何必为别人费心呢？其实别人得到的并非是你自己失去的，帮助别人就是在帮助你自己。下面的这个小故事就可以很好地说明这一点。

瑞士的一个小渔村里，有一个叫罗吉的少年，他是一个热心的小伙

子，非常乐于助人，他以自己的经历再次向人们证明了：帮助别人其实就是在帮助自己。

那是一个漆黑的夜晚，巨浪击翻了一艘渔船，船员们的性命危在旦夕。他们发出了求救信号，而救援队的队长正巧在岸边，听见了警报声，便紧急召集救援队员，立即乘着救援艇冲入海浪中。

当时，忧心忡忡的村民们全部聚集在海边祷告，每个人都举着一盏提灯，以便照亮救援队返家的路。

两个小时之后，救援艇冲破了浓雾，向岸边驶来，村民们喜出望外，欢声雷动。当他们精疲力竭地跑到海滩时，却听见队长说："因为救援艇的容量有限，无法搭载所有遇难的人，无奈只得留下其中的一个人。"

原本欢欣鼓舞的人们听见还有人危在旦夕，顿时都安静了下来，所有人的情绪再次陷入慌乱与不安中。

这时，来不及停下喘息的队长立即开始组织另一队自愿救援者，准备前去搭救那个最后留下来的人。

17岁的罗吉立即上前报名，然而，他的母亲听到后，连忙抓住他的手，阻止说："罗吉，你不要去啊。10年前，你的父亲在海难中丧生，而3个星期前，你的哥哥约翰出海，到现在也音讯全无啊！孩子，你现在是我唯一的依靠，千万不要去！"

看着母亲，罗吉心头一酸，却仍然强忍着心疼，坚定地对母亲说："妈妈，我必须去。如果每个人都说'我不能去，让别人去吧'，那情况将会怎样呢？妈妈，您就让我去吧，这是我的责任，只要还有人需要帮助，我就应当竭尽全力地救助他。"

罗吉紧紧地拥吻了一下母亲，然后义无反顾地登上了救援艇，和其他救援队员一起冲入无边无际的黑暗中。

1小时过去了，虽然只有1个小时，但是对忧心忡忡的罗吉的母亲

来说却是无比漫长的煎熬。终于，救援艇冲破了重重迷雾，出现在人们的视野中，大家看见罗吉站在船头，朝着岸边眺望，众人不禁向罗吉高喊："罗吉，你们找到留下来的那个人了吗？"

远处，罗吉开心地朝人群挥着手，大声喊道："我们找到他了，他就是我的哥哥约翰啊！"罗吉不顾母亲的劝阻，坚持去救援，令人备感温馨的是，他救回来的竟是自己的哥哥。他的乐于助人使他得到了意想不到的回报。现实生活中，有很多冷漠自私的人不愿为别人着想，不愿帮助别人，结果他们就像置身于一个孤岛一样，没有朋友，当他们出了问题，也很少有人愿意帮助他们。

◇ 施恩望报，自求烦恼

生活中的慷慨行为往往很难得到真诚的感恩，如果你每付出一点都希望得到别人的感激的话，那你将惹来无尽的烦恼。

郑凤芝认为自己太倒霉了，总是遇上忘恩负义的白眼儿狼，她的先生是搞科研的，为了工作常常废寝忘食。家务活以及照顾老人、孩子什么的半点儿事都指望不上，为了支持先生的工作，郑凤芝一狠心就把工作辞了，回到家当起了全职主妇。这个牺牲够伟大了吧，但先生似乎一点儿也没有被感动，还反过来指责郑凤芝越来越俗气了。此外，二号楼那对小夫妻之所以能在一起，全是郑凤芝的功劳，红线是她牵的，矛盾是她调解的，两家父母闹意见时还是她劝解开的，结果呢，这对小夫妻有了矛盾才来找"郑姨"，没事的时候就把郑凤芝丢在一边。郑凤芝一想起这事儿就气不打一处来，但更可气的还在后头，这年春天的时候，丈夫的一个远亲的孩子要跨学区转学，因为知道郑凤芝有点儿门路，所

138

以就千求万请让她帮忙,碍于情面,郑凤芝只好披挂上阵,没想到接收学校的管理太严格,郑凤芝费尽千辛万苦,求爷爷、告奶奶地折腾了几天事情也没办妥;而那位亲戚一听事儿没办成,脸立刻拉了下来,对郑凤芝的苦心没有半句感谢。不仅如此,那位亲戚还到处说郑凤芝虚情假意、不地道。郑凤芝不但没得到感激,还落了一身不是,她这一气就病了一场,病好后,她逢人就说:"现在的人都是狼心狗肺,以后我只管自己,别人的事儿我再也不跟着瞎忙了!"

郑凤芝的委屈确实可以理解,她热情地付出,热心地帮助别人,但她的努力似乎都白费了,她没有得到任何人的感恩。但是从另外一个角度再想一下,我们每个人每天的生活都在仰赖着他人的奉献,那么,在抱怨别人不知感恩的时候,我们向帮助自己的人表达感激之情了吗?如果郑凤芝仔细想一下就会知道,生活中也曾有许多人曾经给过她无私的帮助,只是她忘记了这一点。

世界上最大的悲剧就是一个人大言不惭地说:"没有人给过我任何东西!"这种人不论是穷人或富人,他的灵魂一定是贫乏的。人们总是对怨恨十分敏感,对恩义却感觉迟钝,所以下一次当你要怨恨别人的忘恩负义时,先想想自己是否做好了这一点。

老张是个小肚鸡肠的人,至少邻居们都这么说,只要他帮人做一点儿事,就得意得不得了,人前总要提几次,对方要是忘了说谢谢,他就得生气几天。可是如果是人家帮助了他,他就会患上一种健忘症,事情一办成,立刻就把办事的人忘了个一干二净。前两天,黄先生就被他给气坏了。老张的一个亲戚来找老张,说想要去农村收购出口山菜,但是须找一个进出口公司接收,亲戚问老张有没有这方面的门路。老张一想,3楼B门的黄先生不就在进出口公司上班吗?于是他就让亲戚回家等,自己买了两瓶酒就去找黄先生,黄先生见是街坊来求自己,就尽心尽力地把这件事办成了。事一办成老张立刻就变了一个人一样,见到黄

六 获得未必要索取,你可以选择给予

先生就趾高气扬地喊一声"小黄"！对山菜合同的事竟只字不提，回头还对街坊吹嘘自己有多么神通广大，黄先生被气得几天吃不下饭，一提老张就一肚子火。

其实生活中像老张这样的人并不少见，他们有时会因为有人庇佑而威风一时。不过由于此类人多半专横、自私，只知从别人身上得到好处，却不知回馈，而不受欢迎、短视近利的后果往往令帮助他的人感到失望，不再给予支持。这类人多半自以为是，从不考虑自己的责任，老是认为别人在算计他，对他不怀好意，想要陷害他。

大多数人都是这样，只注意到自己需要什么，却忽略了这些东西是从哪里来的。所以抱怨别人的不知感恩，不如先培养自己感恩的心。不要总计较别人欠你多少，在你以自己的成功为荣时，应该先想想自己从别人那里接受的有多少。

◇ 无求的给予才是真慈善

没有任何私心杂念，完全是因为一念之善，这样的施与才是真正的慈善，无论你的施与多么微不足道，都会得到善报的。

佛家云：如果真心帮助，不挟带任何杂念的布施，就是真布施；不怕将来没有回报的布施，就是真布施；不对受施人存任何轻视之心的布施，就是真布施。

下面是一个施善得报的故事。

有一次，佛托着钵出来化缘，遇到两个小孩在路上玩沙子。他们看见佛，就站起来非常恭敬地行礼，其中一个孩子抓起一把沙子放在佛的钵盂里，说："我用这个供养你！"

佛说："善哉！善哉！"

另外一个孩子也抓起一把沙子放在佛的钵盂里，佛就预言，若干年后，一个是英明的帝王，另一个是贤明的宰相。

百年后，一个孩子当了国王，就是历史上有名的阿育王；另一个就是他的宰相。在典籍中，关于阿育王的史实与传说很多，比如，他曾经打败东征的亚历山大；他建的一座寺曾经飞到中国来，就是浙江宁波的阿育王寺。

这不仅是佛法，而且是做人的道理。

什么是真正的慈善？一是出于至诚，二是不求回报，三是不轻毁他人。

前面两条好理解，不轻毁他人是什么意思呢？

"轻"是轻视。因为自己处于"施主"的地位，心里难免有几分优越感，在语言神态上就可能表现出看轻对方之意。比如"不受嗟来之食"的典故，大意是说有钱人搭了一个棚子，好心给饥民施粥，这是一件功德事，说话却不客气，看见来了个人，就说："喂，来吃吧！"谁知那个人有骨气，不受嗟来之食，掉头而去。你瞧，本来是想帮助他人，反倒得罪了对方，还说什么"好心无好报"，岂不是太不通人情世故了吗？

"毁"是诋毁的意思，也就是说他人的坏话。这个坏话不是当场说的，是背后说的。比如，给了别人一个帮助，生怕人家不知道自己心眼儿好，马上去告诉对方："那小子现在都混成这样了，穷得连给小孩交学费的钱都没有。我看他可怜，借给他500元。"这听起来好像是真话，怎么说是诋毁呢？因为这是揭人的隐私。在社会上，人是要讲信誉的，这是一种无形资产。你让他人知道了他的窘状，他的信誉会马上下降，以后办事的话他人便不会信任他。所以，你借给他500元，一句话就让他损失了无形资产5000元。你这500元他还要还你，他损失的5000元

找谁去要？他不找你报仇就好了，还想指望他的回报？

假如受自己帮助的人发达了，自己却原地踏步，说的话就更难听了："那小子，当初如何如何，要不是我帮他一把，他哪有今天？"这就不只是诋毁，而是诬蔑了。他混到今天这一步，99%肯定是靠他的才能和努力，你那点帮助哪够用？自己不努力还揭别人的短，不是诋毁是什么？人家不报复就好了，你还指望他的回报？

电影里经常出现这样的镜头：某女出身豪门，某个小人物跟她结了婚，从此步步青云。此女便以此为傲，稍有不顺就说："你没有我，哪有今天？"最后，老公坚决要跟她离婚。这个女人就是犯了诋毁的毛病。不错，你是给了他一个机会，但运用这个机会的才能却是他自己的，没有才能有机会也白搭。他有这个才能，在别的地方也可能找到这种机会，怎么能说没有你就没有今天呢！

在这三大布施原则中，最重要的是至诚之心。你不是因为他有权有势，不是因为他长得漂亮，不是因为他将来可能有出息，不是因为想炫耀自己，总之没有任何私心杂念，完全是因为一念之善，这样的施与才是真正的慈善，无论你的施与多么微不足道，都是会得到善报的。

七
爱情不尽如人意，你可以选择放下

渴望得太多，反而会生出许多烦恼。其实，生活并不需要这些无谓的执著，没有什么是绝对割舍不了的，生命中也没有什么失去了就活不了的，爱情亦是如此，你要想生活得轻松，就得学会放弃，拿得起，放得下，才能不为执著所苦。因为有选择就有放弃，学会放弃有时是一种解脱。

◆ 学会淡忘逝去的爱情

唯有淡忘，才能在大悲大喜之后练成牵动人心的平和；唯有遗忘，才能在绚烂至极之后练出处变不惊的恬然。

人的记忆本身是一种馈赠，同时也是一种惩罚，心胸宽阔的人用它来馈赠自己，心胸狭窄的人则用它惩罚自己。

五台山很高，有师徒二人在山上修行。徒弟很小就来到山上，从未下过山。

徒弟长大后，师父带他下山化缘。由于长期离群索居，徒弟见了牛羊鸡犬都不认识。师父便一一告诉徒弟："这叫牛，可以耕田；这叫马，人可以骑；这叫鸡，可以报晓；这叫狗，可以看门。"

徒弟觉得很新鲜。

这时，走来一个少女，徒弟惊问："这又是什么？"

老和尚怕他动凡心，因而正色说道："这叫老虎，人要接近她，就会被吃掉。"

徒弟答应着。

晚上他们回到山顶，师父问："徒儿，你今天在山下看到了那么多东西，现在可还有在心头想念的？"

徒弟回答："别的什么都不想，只想那吃人的老虎。"

人的本性中有一种叫做记忆的东西，美好的容易被记住，不好的则更容易被记住，所以大多数人都会觉得自己不是很快乐。那些觉得自己很快乐的人是因为他们恰恰把快乐的记住，而把不快乐的忘记了。这种

忘记的能力就是一种宽容，一种心胸的博大。在生活中，常常会有许多事让我们心里难受。那些不快的记忆常常让我们觉得如鲠在喉，而且我们越想越会觉得难受，那就不如选择把心放得宽阔一点儿，选择忘记那些不快的记忆，这是对别人，也是对自己的宽容。

拿掉别人脖子上的十字架，就等于给自己恢复自由身，尤其是在爱情中。

一位美国朋友带着即将读大学的孩子去欧洲旅行，因为那里留有他青春的痕迹，旧地重游，很是亲切，还有一缕说不出的伤感，因为曾失却的爱就在这里。

和儿子进入大学城内的餐厅用餐，才刚坐下，父亲立即面露惊讶的神色，原来这家餐厅的老板娘竟是当年他在此求学时追求的对象。

20多年岁月变更，当年的粉面桃花早已不再。父亲告诉儿子，她是一家酒吧主人的千金，她的笑容与气质深深地吸引着他。虽然女孩的父亲反对他们往来，但两颗热恋的心早已融化所有的障碍，他们决定私奔。

这位美国朋友托友人转交一封信给女孩，约定私奔的日期和去向。很遗憾，他等了一天，却没看到女孩出现，只看见满天嘲弄的星辰，他怀抱琴弦，感到无比的失望，于是只好带着一张毕业证书回到美国。

儿子听得如痴如醉。突然，他问父亲，当年他在信上是如何注明日期的，因为美国表示日期的方式是先写月份，后写日期，而欧洲是先写日期，再写月份。

父亲恍然大悟，原来自己约定的日期是10月11日，而女孩却是运用欧洲的读法，判断为11月10日。一个月的时序误会，因而错失了一段美好的姻缘。

20多年来，他一直想用恨来冲淡想念；20多年来，想必那个女孩

也一定在恨那个"薄情郎"。这位年近50岁的美国朋友很想走过去告诉老板娘：我们都错了，只为一个日期的误读，不为爱情。

最终，这位父亲没有站出来揭开谜底，只是默默地埋了单，然后轻松地回了家，因为他已在心中彻底地为一个爱情中的无辜女主角昭了雪。

相信，每个人都希望自己能如孩提时那般无忧无虑。那么我们就要像孩子一样善于淡忘，淡忘那些该淡忘的人、事、物。学会了淡忘，你就拥有了一把能够斩断坏心绪的利刃。

◇ 不必强求不属于你的爱情

爱情是变化的，即使再牢固的爱情也不会静如止水，爱情不是人生中一个凝固的点，而是一条流动的河。

爱情中，聚散、离合是很正常的事，犹如四季交替、阴晴雨雪。一段爱情未必就是一个完整的故事，故事发生了也未必就会有一个完美的结局。对于爱情，我们不要将它视为不变的约定，曾经的海誓山盟谁又能保证它不会成为昔日的风景？

佳凝和文俊是华南某名牌大学的高才生，他们既是同班同学，又是同乡，所以很自然地成了一对形影不离的恋人。

一天，文俊对佳凝说："你像仲夏夜的月亮，照耀着我梦幻般的诗意，使我犹如置身天堂。"佳凝也满怀深情地说："你像春天里的阳光，催生了我蛰伏的激情，使我仿佛重获新生。"两个坠入爱河的青年人就这样沉浸在爱的海洋中，并约定等佳凝拿到博士学位就结成秦晋之好。

146

半年后，佳凝远赴国外深造。多少个异乡的夜晚，她怀着尚未启封的爱情，像守着等待破土的新绿。她勤奋地苦读，并以对爱的期待时时激励着自己的锐志。几年后，佳凝终于以优异的成绩获得了博士学位，处于兴奋状态的她并未感到信中的文俊有些许变化，学业期满，她恨不得身长翅膀脚生云，立刻就飞到文俊身边，然而她哪里知道，昔日的男友早已和别人搭上了爱的航班。佳凝找到文俊后质问他，文俊却真诚地说："我对你已无往日的情感了，难道必须延续这无望的情缘吗？如果非要延续的话，你我只能更痛苦。"佳凝只好退到别人的爱情背面，默默地舔舐着自己不见刀痕的伤口。

或许我们会站在道义的立场上，为品德高贵、一诺千金的佳凝表示惋惜，但我们又能就此来指责文俊什么呢？怪只能怪爱本身就具有一定的可变性。

其实，缘分于冥冥中自有注定，不要执著于此，进而伤害自己。但无论什么时候我们都不要绝望，不要放弃自己对真、善、美的爱情追求。

从前有个书生，和未婚妻约定在某年某月某日结婚。然而到了那一天，未婚妻却嫁给了别人。书生大受打击，从此一病不起，家人用尽各种办法都无能为力，眼看书生即将不久于人世。这时，一位游方僧人路过此地，得知情况以后，遂决定点化一下他。僧人来到书生床前，从怀中摸出一面镜子叫书生看。

镜中是这样一幅情景：茫茫大海边，一名遇害的女子一丝不挂地躺在海滩上。有一人路过，只是看了一眼，摇摇头便走了……又一人路过，将外衣脱下，盖在女尸身上，也走了……第三人路过，他走上前去，挖了个坑，小心翼翼地将尸体掩埋了……疑惑间，画面切换，书生看到自己的未婚妻——洞房花烛夜，她正被丈夫掀起盖头……书生不明所以。

七 爱情不尽如人意，你可以选择放下

僧人解释道："那具海滩上的女尸就是你未婚妻的前世。你是第二个路过的人,曾给过她一件衣服。她今生和你相恋,只为还你一份人情。但是,她最终要报答一生一世的人是最后那个把她掩埋的人,那人就是她现在的丈夫。"

书生听后大悟,瞬间从床上坐起,因此病愈。

是你的就是你的,不是你的就不要强求,过分地执著伤人且伤己。

聪明人之所以与众不同,就在于他们勇于放开胸怀接受好的一面,更敢于睁大眼睛不怕痛苦地盯住坏的一面,他们深知,好的一面的好处众人皆知,而坏的一面蕴涵的好处却不是每个人都可以知道的。

不要憎恨你曾深爱过的人,或许他(她)还没有准备好与你牵手,或许他(她)还不过是个不成熟的大孩子,或许他(她)有你所不知道的原因。不管是什么,都别太在意,别伤了自己,你应该意识到,如此优秀的你,离开他(她)一样可以生活得很好。你甚至应该感谢他(她),感谢他(她)让你对爱情有了进一步的了解,感谢他(她)让你在爱情面前变得更加成熟,感谢他(她)给了你一次重新选择的机会,他(她)的背叛或许正预示着你将迎接一个更美丽的未来。

是的,只要真心爱过,背叛对于每个人而言都是痛苦的,不同的是,聪明的人会透过痛苦看本质,从痛苦中挣脱出来,笑对新的生活;愚蠢的人则一直沉浸在痛苦之中,抱着回忆过日子,从此再不见笑容。

◇ 学会舍弃错位的感情

在对的时间遇到对的人,得到的将是一生的幸福;在错误的时间遇到错误的人,换回的可能就是一段心伤。在感情的故事里,有些人你永

远不必等，因为等到最后受伤的只会是自己。

错了的，永远对不了。不该拥有的，得到了也不会带给你快乐。

从前，有一座圆音寺，每天都有许多人去寺庙上香拜佛，香火很旺。在圆音寺庙前的横梁上有个蜘蛛结了张网，由于每天都受到香火和虔诚的祭拜的熏陶，蜘蛛便有了佛性。经过了1000多年的修炼，蜘蛛的佛性增加了不少。

忽然有一天，佛祖光临了圆音寺，看见这里香火甚旺，十分高兴。离开寺庙的时候，不经意间抬头看见了横梁上的蜘蛛。佛祖停下来，问这只蜘蛛："你我相见总算是有缘，我问你个问题，看看你修炼这1000多年来，有什么真知灼见。"蜘蛛遇见佛祖很是高兴，便连忙答应了。佛祖问道："什么才是世间最珍贵的？"蜘蛛想了想，回答道："世间最珍贵的是'得不到'和'已失去'。"佛祖点了点头，离开了。

就这样，又过了1000年的光景，蜘蛛依旧在圆音寺的横梁上修炼，它的佛性大增。一日，佛祖又来到寺前，对蜘蛛说道："你可还好？对于1000年前的那个问题，你可有什么更深的认识吗？"蜘蛛说："我仍然觉得世间最珍贵的是'得不到'和'已失去'。"佛祖说："你再好好想想，我会再来找你的。"

又过了1000年，有一天，刮起了大风，风将一滴甘露吹到了蜘蛛网上。蜘蛛望着甘露，见它晶莹透亮，很漂亮，顿生喜爱之意。蜘蛛每天看着甘露很开心，它觉得这是3000年来最开心的几天。突然，又刮起了一阵大风，将甘露吹走了。蜘蛛一下子觉得失去了什么，感到很寂寞和难过。这时佛祖又来了，问蜘蛛："蜘蛛，这1000年中你可好好想过这个问题：世间什么才是最珍贵的？"蜘蛛想到了甘露，便对佛祖说："世间最珍贵的是'得不到'和'已失去'。"

佛祖说:"好,既然你有这样的认识,我就让你到人间走一遭吧。"

就这样,蜘蛛投胎到了一个官宦家庭,成了一个富家小姐,父母为她取了名字叫蛛儿。转眼间,蛛儿16岁了,已经成了个婀娜多姿的少女,长得十分漂亮,楚楚动人。

这天,新科状元郎甘鹿中第,皇帝决定在后花园为他举行庆功宴席。来了许多妙龄少女,包括蛛儿,还有皇帝的小公主长风公主。状元郎在席间表演诗词歌赋,大献才艺,在场的少女无一不为他倾倒。但蛛儿一点儿也不紧张和吃醋,因为她知道这是佛祖赐予她的姻缘。过了些日子,说来很巧,蛛儿陪同母亲上香拜佛的时候,正好甘鹿也陪同母亲而来。上完香,拜过佛,二位长者在一边说上了话,蛛儿和甘鹿便来到走廊上聊天,蛛儿很开心,终于可以和喜欢的人在一起了,但是甘鹿并没有表现出对她的喜爱。蛛儿对甘鹿说:"你难道不曾记得16年前,圆音寺的蜘蛛网上的事情了吗?"甘鹿很诧异,说:"蛛儿姑娘,你漂亮,也很讨人喜欢,但你想象力未免丰富了一点儿吧。"说罢,甘鹿和母亲离开了。

蛛儿回到家,心想,佛祖既然安排了这场姻缘,为何不让甘鹿记得那件事?为何甘鹿对我没有一点儿感觉?

几天后,皇帝下诏,命新科状元甘鹿和长风公主完婚,蛛儿和太子芝草完婚。这一消息对蛛儿如同晴天霹雳,她怎么也想不通佛祖竟然这样对她。几日来,她不吃不喝,穷究急思,灵魂就将出壳,生命危在旦夕。太子芝草知道了,急忙赶来,扑倒在床边,对奄奄一息的蛛儿说道:"那日,在后花园众姑娘中,我对你一见钟情,我苦苦恳求父皇,他才答应将你许配给我。如果你死了,那么我也就不活了。"说着就拿起了宝剑准备自刎。

就在这时,佛祖来了,他对快要出壳的蛛儿的灵魂说:"蜘蛛,你可曾想过,甘露(甘鹿)是由谁带到你这里来的呢?是风(长风公主)

带来的，最后也是风将它带走的。甘鹿是属于长风公主的，他对于你来说不过是生命中的一段插曲。而太子芝草是当年圆音寺门前的一棵小草，他看了你3000年，爱慕了你3000年，但你从没有低下头看过它。蜘蛛，我再来问你，什么才是世间最珍贵的？"蜘蛛听了这些真相之后，好像一下子大彻大悟了，她对佛祖说："世间最珍贵的不是'得不到'和'已失去'，而是现在能把握的幸福。"刚说完，佛祖就离开了，蛛儿的灵魂也回位了，睁开眼睛，看到正要自刎的太子芝草，她马上打落宝剑，和太子紧紧地抱在一起……

　　由此可见，错位的感情即使得到了也不会幸福，所以，任何人在选择自己的爱人时都应该仔细想想，不要苛求那份本不该属于你的感情。现实是残酷的，一旦让感情错位，你所得到的结果就只会是苦涩。

　　王燕大学毕业后不久就与男朋友文华同居了，可是令她没有想到的是文华竟背着她跟在法国留学的前任女友藕断丝连。后来在前女友的帮助下，文华很快就办好了去法国留学的签证，这时一直蒙在鼓里的王燕才知道事情的真相，就在她还未来得及悲伤的时候，文华已经坐上飞机远走高飞了。失去了文华，王燕也就没有了终成眷属的期待，她决心化悲痛为力量，将业余时间都用在学习上，准备报考研究生，她想充实自己，也想在美丽的校园里让自己洁净身心。

　　可是就在这时她发现，她怀上了文华的孩子，唯一的方法是不为人知地去做人工流产，而她的家人并不在这里，她实在找不到可以托付的医院或朋友。

　　她的忧郁不安被她的上司肖科长发现了。一天下班后，当办公室里只剩下王燕一个人时，肖科长走了进来，他盯着她看了好半天，突然问起了她的个人生活。这一段时日的忧郁不安使王燕经不起一句关切的问候，于是她不由得含着眼泪将自己的故事和盘托出。第二天，肖科长便

带她到了一家医院,使她顺利做完了手术,又叫了一辆出租车送她回到宿舍,并为她买了许多营养品。

　　从那以后,她和肖科长之间仿佛有了一种默契,既然已经让他分担了她生命中最隐秘的故事,她便不由自主地将他看做她最亲密的人了。有一天,她在路上偶然遇到肖科长和他的爱人,当时正巧碰上他爱人正在大发脾气,肖科长脸色灰白,一声不吭,他见到王燕后,满脸尴尬。

　　第二天,肖科长与她谈到他的妻子,说她是一家合资企业的技术工人,文化不高,收入却不低,在家中总是颐指气使,而且在同事和朋友面前也不给他留面子,他做男人的自尊已丧失殆尽。说着说着,他突然握住她的手,狂热地说:"我真的爱你。"她了解他的无奈和苦恼,也感激他对她的关心和帮助,虽然明知他是有妇之夫,但还是身不由己地陷了进去。

　　不知是出于爱的心理还是知恩图报,她自此成了他的情人,他对她说的最多的一句话就是:"我是真的喜欢你,你放心,我很快就会办离婚。"可是却从来不见他开始行动,她心里明白,他不可能离开老婆和孩子,但只要他真心爱她,她可以等待。

　　他们经常在办公室里幽会,时间一过就是两年,她无怨无悔地等了他两年。一天晚上,当肖科长正狂热地亲吻她时,办公室的门突然被撞开了,单位里另一个科的陶科长一声不吭地在门口站了一会儿,一言不发就走开了,肖科长顿时脸色苍白,原来,陶科长正在与他争夺晋升副局长一职,可见他处心积虑地窥探他们已有多时。肖科长惊慌失措,仓皇地离她而去,她预料到会有事情发生,果然,他捷足先登,到上级那里交代了他和她的婚外恋,他痛心疾首地说自己一时糊涂,没能抵挡住她投怀送抱的诱惑。

　　她气愤至极,赶到他家里要讨个说法,她毕竟涉世未深,还是个女

152

孩子，他爱人不明就里，把她请到书房，不一会儿，她看到肖科长扛着一袋大米回来了，一进门就肉麻地叫着他爱人的小名，分明是一位体贴又忠诚的丈夫，然后直奔厨房，系起了围裙，等他爱人好不容易有空告诉他有客人来了时，他甩着两只油手出现在书房门口，一见是她，大张着嘴，半天说不出一句话。

刹那间，她泪雨滂沱，为自己那份圣洁的感情再次遭到践踏，也为自己真心错看了眼前这个虚伪软弱的男人，她意识到所有的话都没有必要再说，昂首走出了房门。

自尊心很强的她带着一身的创伤，辞职离开了这个给了她太多伤心的城市，从此开始了漂泊的生活。

◇ 他（她）不值得你挂怀

既然他（她）不懂得珍惜你，你又何必去牵挂他（她）？就算分手也要分得有尊严，即便你当初爱得很深，也要干脆一点儿，让他（她）知道，离开他（她）你一样可以活得很好，让他（她）知道，离开是他（她）的损失。

相爱是两个原本不同的个体相互了解、相互认知、相互磨合的过程。磨合得好，自然会恩爱一生，磨合得不好，便免不了要劳燕分飞。当一段爱情画上句号，不要因为彼此已经习惯对方而离不开，抬头看看，会发现云彩依然那般美丽，生活依旧那般美好。其实，除了爱情，还有很多东西值得我们为之奋斗。

放下心中的纠结你会发现，原本我们以为不可失去的人，其实并不

是不可失去。你今天流干了眼泪，明天自会有人来逗你欢笑。你为他（她）伤心欲绝，他（她）却与别人卿卿我我、自得其乐，对于一个已不爱你的人，你为他（她）百般痛苦可否值得？

一个失恋的女孩在公园中哭泣。

一位老人路过，轻声问她："你怎么啦？为什么哭得这样伤心？"

女孩回答："我好难过，不明白他为何要离我而去？"

不料老人却哈哈大笑，并说："你真笨！"

女孩非常生气："你怎么能这样，我失恋了，已经很难过了，你不安慰我就算了，还骂我！"

老人回答说："傻瓜，你根本就不用难过啊，真正该难过的该是他！要知道，你只是失去了一个不爱你的人，而他却失去了一个爱他的人及爱人的能力。"

是的，离开你是他（她）的损失，你只是失去了一个不爱你的人，离开一个不爱你的人，难道你真的就活不下去了吗？不，这个世界上没有谁离不开谁，离开他（她）你一样可以活得很精彩，与其怀念过去，不如好好把握将来，请相信缘分，不久的将来，你一定可以找到一个比他（她）更好、更懂得珍惜你的人。

有些事、有些人，或许只能够作为回忆，永远不能够守候一辈子。感情的事该放下就放下，你要不停地告诉自己：离开你，是他（她）的损失。

肖艳艳一直困扰在一段剪不断、理还乱的感情里出不来。

吴清的态度总是若即若离，其人也像神龙一样，见首不见尾。肖艳艳想打电话给他，可是又怕接的人会是他的女朋友，会因此给他造成麻烦。肖艳艳不想失去他，可是老这样有时自己也会觉得很无奈，她常常问自己："我真的离不开他吗？""是的，我不能忘记他，即使只做地下

的情人也好。只要能看到他，只要他还爱我就好。"她告诉自己。

但是该来的还是会来。周一的下午，在咖啡屋里，他们又见面了。吴清把咖啡搅来搅去，一副心事重重的样子。肖艳艳一直很安静地坐在对面看着他，她的眼神很纯净。咖啡早已冰凉，可是谁都没有喝一口。

他抬起头，勉强笑了笑，问："你为什么不说话？"

"我在等你说。"肖艳艳淡淡地说。

"我想说对不起，我们还是分开吧。"他艰涩地说，"你知道，这次的升职对我来说很重要，而她父亲一直暗示我，只要我们近期结婚，经理的位子就是我的，所以……"

"知道了。"肖艳艳心里也为自己的平静感到吃惊。

他看着她的反应，先是迷惑，接着仿佛恍然大悟了，忙试着安慰说："其实，在我心里，你才是我的最爱。"

肖艳艳还是淡淡地笑了一下，转身离开了。

一个人走在春日的阳光下，空气中到处是春天的味道，有柳树的清香、小草的芬芳，肖艳艳想："世界如此美好，可是我却失恋了。"这时，那种刺痛突然在心底弥漫。肖艳艳有种想流泪的感觉，她仰起头，不让泪水夺眶。

走累了，肖艳艳坐在街心花园的长椅上。旁边有一对母女，小女孩的眼睛大大的，小脸红扑扑的，她们的对话吸引了肖艳艳。

"妈妈，你说友情重要还是半块橡皮重要？"

"当然是友情重要了。"母亲回答。

"那为什么月月为了想要萌萌的半块橡皮，就答应她以后不再和我做好朋友了呢？"

"哦，是这样啊，难怪你最近不高兴。孩子，你应该这样想，如果她是真心和你做朋友就不会为任何东西放弃友谊，如果她会轻易放弃友

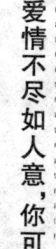

谊，那这种友情也就没有什么值得珍惜的了。"母亲轻轻地说。

"孩子，知道什么样的花能引来蜜蜂和蝴蝶吗？"母亲问。

"知道，是很美丽很香的花。"小女孩回答。

"对了，人也一样，你只要加强自身的修养，就能博学多才。当你像一朵很美的花时，就会吸引到很多人和你做朋友。所以，放弃你是她的损失，而不是你。"

"是啊，为了升职而放弃的爱情也没有什么值得留恋的。如果我是美丽的花，放弃我是他的损失。"肖艳艳的心情突然开朗起来了。

由此可见，若是一个人为名利前途而放弃你们之间的恋情，你是不是应该感到庆幸呢？很显然，这样的人不值得你去爱。

事实告诉我们，对待感情不可过于执著，否则伤害的只能是自己。

◆ 女人，请学会放手

在生活中，我们应该学会放手，而不要一味地索取。懂得放手才会轻松快乐，背着包袱走路总是很累的。

人们常说一个人要拿得起、放得下，而在付诸行动时，拿得起容易，放手却很难。所谓放手，是指心理状态，也就是我们常说的要敢于放弃，遇到千斤重担压心头时也能把心理上的重压卸掉，使自己变得轻松。

人活着会有许多责任和欲望，若是将这些东西舍弃，你就会变得很轻松；如果你总是背着它们，最终有可能累死在路上。生活原本是非常淳朴、简单的，学会舍弃自己不特别需要、对人生益处不大的东西，学

会放手,保持一颗简单和明朗的心,你会觉得其实生活真的很美好。

　　人,正因为不懂得舍弃才会有许多痛苦。当你拥有舍弃和清理自己的智慧时,就会豁然开朗,生命会马上向你展现出另外一个截然不同的景致。

　　杜蕾蕾因为她爱的人娶了别人而一病不起,家人用尽各种办法都无济于事,眼看她一天天地消瘦下去,家人、朋友真是看在眼里,急在心里。

　　后来,她的妈妈便带她去看了心理医生。心理医生很快便找到了病情的症结,于是耐心开导她:"其实,喜欢一个人,并不一定要和他在一起,虽然有人常说'不在乎天长地久,只在乎曾经拥有',但是并不是所有拥有的人都感觉到快乐。喜欢一个人,最重要的是让他快乐,如果你和他在一起并不能使他快乐,那么就勇敢地放手吧。"

　　的确如此,喜欢一个人,就要让他快乐、让他幸福,使那份感情更诚挚。在心理医生的耐心开导下,杜蕾蕾变得开朗了,也不再郁郁寡欢,而她的病也一下子痊愈了。

　　有个女孩如此抱怨道:我很爱我的男朋友,为了他,我愿意放弃任何东西,他喜欢的我都会去做,他不喜欢的我就不去做。我对他简直是好得不能再好了,可他不是很爱我。我也觉得这样太没自我了,可是我真的无法想象离开他的日子会是什么样,我觉得我会死的,我总想有一天他也会很爱我的。这就是女人常常为了爱情而把自己完全忽略。

　　在古代,婚姻是女人一生的赌博,她们将全部的希望寄托在丈夫有没有出息上,盼望着有朝一日"夫贵妻荣",即使在妇女独立的今天,不少妇女仍然愿意将全部的爱与幸福寄托在丈夫身上,往往换来的是失望。帮助男人成功并没有错,错就错在放弃了完善自我。没有一个良好的自我,只靠男人活着,永远是女人的悲哀。只有不断完善自我,与丈

夫比翼齐飞，一同进步、一同成功，才会有良好的心态与丈夫相处。女性只有不断完善自我，才能把握自己、实现自我，并得到他人的承认和尊重。

当女性因婚姻迷失自我时，她就放弃了得到认可和尊重的权利。经营婚姻和爱情，就像手中抓住的沙子，握得越牢，越容易流失。现实生活中，是那么在意家庭、在意丈夫，甚而舍弃自己心爱的工作，竭尽全力想抓牢这个家、抓牢自己的丈夫，但终究失败了。如果女性把自己的未来寄托在别人身上，舍弃了自尊、自我价值，幸福生活就没有保障。

女人的天空原本是明丽湛蓝的，不应该生活在泪雨纷飞和愤怒失衡的心态下，更不能放弃自尊，放弃了自尊的女人无异于自掘坟墓。不要为男人而活，要为自己而活，要活出价值来，活出被别人需要的自豪感。全国妇联把自尊、自信、自立、自强作为新女性的标准，实质就是号召女性在不断地自我完善中发展自己、追求幸福。"四自"精神不仅是女性实现自我价值的需要，也是维护美满婚姻的法宝。所以，不断完善自我应是女人一生的功课。

对于很多女人来说，一旦遇到了某个心仪的男人，往往会在生活中某些相对次要的事情上做出让步，时间长了就迷失了自我。所以，女人还是要有自己的思想和生活空间，坚持自我，这样才不致过别人的人生。

谭柳青是某集团公司的财务经理，曾经的她就是一个拿得起、放不下的女人。人生中的每一次告别，告别故土、告别亲人，或是告别自己熟悉的一片风景，都会生出无尽的伤感。更让人担忧的是，她无法从那种无尽的伤感里走出来，更做不到潇洒地放弃，然后在新的时空内坦然地接受一个新的开始。

后来在朋友及家人的开导和鼓励下，她终于明白了原来握在手里的并不一定就是真正拥有的，所拥有的也不一定就是真正刻骨铭心的，人

生有很多时候需要一种宁静的呵护和坦然的放弃。只有这样，才会获得更多的快乐。现在的她再也不是过去的她了，而是一个精明干练的财务经理。

渴望得太多，反而会生出许多的烦恼。其实，生活并不需要这些无谓的执著，没有什么绝对割舍不了的，在生命中也没有什么失去了就活不了的。你要想生活得轻松，就得学会放弃，拿得起、放得下，才能不为执著所苦，因为有选择就有放弃，学会放弃有时是一种解脱。

电影《卧虎藏龙》里有一句很经典的话：当你紧握双手，里面什么也没有；当你打开双手，世界就在你手中。紧握双手，肯定是什么也没有，打开双手，至少还有希望。很多时候，我们都应该懂得放弃，只有放弃才会使自己身心愉快，才会使自己获得快乐。

有的时候路走错了，如果你毫无意识地继续走下去，那么你将会离目标越来越远，这个时候能够停下来就是进步，聪明的人永远不会让自己的人生扑朔迷离。

◆ 可以失去爱情，但一定要留下风度

大千世界，沧海桑田，一切都在变，感情自然也不能幸免。当一段感情逝去了，当你爱的人渐渐远离，不知你可曾想过接下来自己要怎样做？

在情感的世界中，女人可以失去爱情，但一定要留下风度。

事实上，在情感的世界中并没有绝对的对与错，他爱你时是真的很爱你，他不爱你时是真的没有办法假装爱你。毕竟你们真的爱过，所以

分手时为何不能选择很有风度地离开？

女人，不要为爱人的背叛流眼泪，在感情的世界中，眼泪从来都只属于弱者。他若是爱你，怎会舍得让你流泪？他若是不再爱你，即便是泪水流尽也于事无补。

缘分在冥冥之中自有定数，如果你们错过，那只能说明你们不是彼此一生的归宿，他或许只是你在寻找一生爱情上的一次尝试。如果你自认是生活上的强者，不如洒脱地离开，既然曾经深爱，就不要再彼此伤害。

李丹丹是一位医生，在北京一家很有名望的医院工作。丈夫卢浩天是一家工程公司的老总，每天忙得不可开交，马不停蹄地在各地跑来跑去，两人见面的时间很少，只是偶尔在周末才聚一聚。

一次，李丹丹和卢浩天偶然间在医院的急诊室相遇，卢浩天向妻子解释说："我带一个女孩来看病，她是我单位的员工，由于工作劳累过度晕倒了。"李丹丹看了那个女孩一眼，女孩看上去比卢浩天小很多，脸上带着点儿野性，李丹丹心里有一种说不出来的感受。

于是，她便偷偷地到丈夫工作的公司去打探，大家都说从来没见过像她所描述的这样一个女孩。

李丹丹听后，立即像失去了重心一样。回来后，她给丈夫打了个电话，说她已出差到了外地，要一个月以后才回去，接着她便到丈夫的公司附近蹲守。

蹲守的结果证明，那个女孩与卢浩天已经同居了很久。怎么办？是离婚还是抗争？李丹丹陷入了极度痛苦的深渊。

那个晚上，李丹丹坐公共汽车回家。

车开得很慢，司机好像很懂李丹丹的心情。车上只有3个乘客，另外两个乘客在给亲人打电话，脸上洋溢着幸福的表情。李丹丹痛苦地闭

上眼睛，回想起摆放在桌上半年多的离婚协议书。

突然有人叫她，是那位司机在跟她说话："妹妹，你有心事？"

李丹丹没有回答。

"我一猜你就是为了婚姻。"李丹丹的脸色微微地有点儿冷暗，可司机却当没看见一样继续说，"我也离过婚。"

李丹丹眼睛微微一亮，便竖起耳朵细心地倾听起来。

"我和妻子离婚了。"李丹丹的心不由得一紧。"她上个月已经同那个男人结婚了，他比她大4岁，做翻译工作，结过婚，但没孩子，听说他前妻是得病死的。他性格挺好的，什么事都顺着我前妻，不像我性子又急又强，他们在一块儿挺合适的。"

李丹丹觉得这个司机很不寻常。

"妹妹，现在社会开放了，离婚不是什么丢人的事儿，你不要觉得在亲友当中抬不起头。我可以告诉你，我的妻子不是那种胡来的人，她和那个男人在大学里相爱4年，后来那个男人去了国外，两人才分手。那个男人在国外结了婚，后来妻子死了，他一个人在国外很孤独，就回来了。他们在同学聚会上见了面，这一见就分不开了。我开始也恨，恨得咬牙切齿，可看到他们战战兢兢、如履薄冰地爱着，我心软了，就放了他们一条生路……"

李丹丹的眼睛有些湿润了，她想起丈夫写给她的那封信：

我没有想到会在茫茫人海中与她邂逅。在你面前，我不想隐瞒，她是一个比我小很多的女人。我是在1万米的高空中遇见她的，当时她刚刚失恋。我们谈了几句话之后，她就坦诚地告诉我她是个不好的女孩，后来我知道她和我生活在同一座城市，不知为什么，从那一天起，我心里就放不下她。后来我们频频约会，再后来我决定爱她、照顾她一生。因为她，我甚至想放弃一切……

七　爱情不尽如人意，你可以选择放下

161

车到家了，李丹丹慢慢地走上楼。第二天，她很平静地在离婚协议上签了字。

当你所面临的是这种婚外萌发的真情时，这种真爱就如生长在荆棘丛中的一株野花，在临近深秋时绽开。虽然它开得不是地方，不合时节，但毕竟已在凉凉的秋风中战栗地开放，你又何须一脚将其踏死？即使这样你也会付出惨重的代价。这时不如退后一步，像一首歌中唱的那样，人生没有翻不过的山，没有蹚不过的河，更没有过不去的坎儿……

在人生的旅途上，生活给了你伤痛、苦难，同时也给了你退路和出口，所以当你所爱的人为了另一个珍爱的人执意要离你"远行"时，你无须作伤痕累累的最后决斗，而应在适当的时候选择放手。

◇ 重拾破碎的心

经历了许多的人、许多的事，历尽沧桑之后，你就会明白，这个世界上没有什么是不可以改变的。美好、快乐的事情会改变，痛苦、烦恼的事情也会改变，曾经以为不可改变的，许多年后你就会发现，其实很多事情都改变了，而改变最多的竟是自己，不变的只是小孩子美好天真的愿望罢了，所以当一份感情不再属于你的时候，就果断地放弃它，然后乐观等待你的下一次。

人生最怕失去的不是已经拥有的东西，而是失去对未来的希望。爱情如果只是一个过程，那么失恋正是人生应当经历的，如果要承担结果，谁也不愿意把悲痛留给自己。记住，下一个他（她）更适合你。

有一个女孩一向保守，但由于一时冲动，和男朋友有了婚前性行为。之后，她恼怒、悔恨，却安慰自己："没关系，他是爱我的！"

后来，男友对她实在是不好，她天天找人诉苦，却又不离开他，妹妹劝她："别再傻了，快些离开他吧，别再和自己过不去。"

现在，她仍和她的男朋友在一起，偶尔流着眼泪诉苦，偶尔安慰自己："他总会知道我是真心对他好的！"也许，女孩想要的只是自我安慰而已。

为什么有些人失恋时悲痛欲绝，甚至踏上自毁之路？为什么有些恋人在遭遇挫折不能长相厮守时，会双双殉情自杀呢？

爱情对于某些人来说是生命的一部分，是一种人生的经验，有顺境有逆境，有欢笑有悲哀。所以，当和自己喜欢的人相爱时会觉得快乐，觉得幸福，当分手或者遇上障碍时，会自我安慰："这是人生难免的，合久必分，也许前面有更好、更适合我的人哩！"于是他们会勇敢地、冷静地处理自己伤心失落的情绪，重新发展另一段感情。

而另有一些人，会觉得一生里最爱的就是这个人，不相信世界上有更完美、更值得他们去爱的人，所以当这段恋情变化时，他们就会失去所有的希望，也会对自己的自信心和运气产生怀疑，如果这段关系遭受外界的阻力，就等于"天亡我也"，如此，他们就会变得消极，产生比较极端的想法，极有可能会选择自杀的道路。

其实在现实生活中，没有多少人能像电影小说、流行歌曲所形容的那样幸福地可以恋爱一次就成功、永远不分开的，大多数人都是经历过无数的失败挫折才可以找到一个可以长相厮守的人。

因此，当你失恋时，当你们不可能永远在一起时，你应该告诉自己："还有下一次，何必去计较呢？"无论这次你跌得多痛，也要鼓励自己坚强起来，重拾破碎的心，去等待你的"下一次"。人生是个漫长

七 爱情不尽如人意，你可以选择放下

的旅程，在这个旅程中，人们大都要经历若干级人生阶梯，这种人生阶梯的更换不只是职业的变换或年龄的递进，更重要的是自身价值及其价值观念的变化。在"又升高了一级"的人生阶梯上，人们也许会以一种全新的观念来看待生活、选择生活，并用全新的审美观念来判断爱情，因为他们对爱情的感受已经完全不同了。

八
金钱不是一切，你可以选择寡淡

有钱固然好，而大量的财富却是桎梏。如果你认为金钱是万能的，很快你就会发现自己已经陷入痛苦之中。我们应该把自己放在生活主人的位置上，让自己成为一个真正的、完善的人。只有懂得享受生活情趣的人，才能让幸福与快乐长久地洋溢在心间。请记住，金钱永远只是金钱，它不是快乐，更不是幸福。

◇ 摒弃欲望，收获幸福

一个人如果欲望太多，就会变得贪婪，一个永不知足的人是无法感受到幸福的。

人，饥而欲食，渴而欲饮，寒而欲衣，劳而欲息，幸福与人的基本生存需要是不可分离的，人们在现实中感受或意识到的幸福通常表现为自身需要的满足状态。人的生存和发展的需要得到了满足，便会产生内在的幸福感。幸福感是一种心满意足的状态，植根于人的需求对象的土壤里。

然而，很多人都希望自己拥有得再多一些，从来没有满足的时候，民间流传着一首《十不足诗》：

终日奔忙为了饥，才得饱食又思衣，冬穿绫罗夏穿纱，堂前缺少美貌妻。娶下三妻并四妾，又怕无官受人欺；四品三品嫌官小，又想面南做皇帝；一朝登了金銮殿，却慕神仙下象棋，洞宾与他把棋下，又问哪有上天梯，若非此人大限到，上到九天还嫌低。

这首诗将那些贪心不足者的恶性发展描写得淋漓尽致。物欲太盛造成的灵魂变态就是永不知足，没有家产想家产，有了家产想当官，当了小官想大官，当了大官想成仙……致使精神上永无宁静、永无快乐。

在某省南部山区有一位还未脱贫的农民，他常年住的是漆黑的窑洞，顿顿吃的是玉米、土豆，家里最值钱的东西就是一个盛面的柜子。可他整天无忧无虑，早上唱着山歌去干活，太阳落山又唱着山歌走回家。别人都不明白，他整天乐什么呢？

他说:"我渴了有水喝,饿了有饭吃,夏天住在窑洞里不用电扇,冬天热乎乎的炕头胜过暖气,日子过得美极了!"

这位农民物质上并不富裕,但他由衷地感到幸福。这是因为他没有太多的欲望,从不为自己欠缺的东西而苦恼的缘故。

与这个农民相反的是一个卖服装的商人。这个商人有很多钱,但他终日愁眉不展,睡不好觉。细心的妻子将丈夫的郁闷看在眼里、急在心上,她不忍丈夫这样被烦恼折磨,就建议他去找心理医生看看,于是他前往医院去看心理医生。

医生见他双眼布满血丝,便问他:"怎么了,是不是受失眠所苦?"服装商人说:"是呀,真叫人痛苦不堪。"心理医生开导他说:"别急,这不是什么大毛病,你回去后如果睡不着就数数绵羊吧。"服装商人道谢后离去了。

一个星期之后,他又出现在心理医生的诊室里,他双眼又红又肿,精神更加颓丧了,心理医生复诊时非常吃惊地说:"你是照我的话去做的吗?"服装商人委屈地回答说:"当然是啊!还数到 3 万多只呢!"心理医生又问,"数了这么多,难道还没有一点儿睡意?"服装商人答,"本来是困极了,但一想到 3 万多只绵羊有多少毛呀,不剪岂不可惜?"心理医生于是说,"那剪完不就可以睡了?"服装商人叹了口气说,"但头疼的问题又来了,这 3 万只羊的羊毛所制成的毛衣,现在要去哪儿找买主呀?一想到这儿,我就睡不着了!"

这个服装商人就是生活中高压人群的真实写照,他们被种种欲望驱赶着跑来跑去,疲乏至极,每天睁开眼睛想到的是金钱,闭上眼睛又谋划着权力,日复一日、年复一年。这样的人怎么会享受到幸福呢?

有些欲望是自然而必要的,有些欲望是非自然而不必要的,前者包

八 金钱不是一切,你可以选择寡淡

167

括面包和水，后者就是指权势欲和金钱欲等。人不可能抛弃名利而完全满足于清淡生活，但对那些不必要的欲望，至少应当有所节制。

一个人的欲望越多，他所受到的限制就越大；一个人的欲望越少，他就会越自由、越幸福。

◆ 不要为金钱和名利所累

很多人总是把得失看得太重，把名利看得太重，期望自己位高权重，期望能拥有万贯家财，这样通常会备受名利折磨，轻者身心劳累，重者害人害己。

生活中，很多人拥有金钱，但没有快乐，他们对金钱垂涎欲滴。整日挖空心思、千方百计想要得到它的人，恐怕永远也不会快乐而且身心劳累。四大吝啬鬼之一的严监生，都快死了，已经讲不出话来了，还是大瞪着两眼，直竖着两根指头不肯咽气。像他这样的人，绞尽了脑汁，"辛苦"经营了一辈子，挣下了万贯的家财，本来是可以带着"成就感"心满意足地死去，可是他死活不肯咽下最后一口气。旁边的族人皆不明白严监生直竖的两根指头到底是什么意思，最后还是他的小儿媳妇机灵，因为她发现严监生的两眼死死地瞪着桌旁的油灯，油灯里燃着两根灯草，严监生竖着两根指头不就是不满意燃着的两根灯草吗？按照严家的规矩，本着"节俭"的原则，应该熄掉一根灯草才是，于是小儿媳妇赶紧跑过去熄掉了一根灯草。这招真是灵验，一根灯草刚熄，严监生就咽气了。

世上类似于严监生这样临死还被自己无尽的贪欲折磨着的人虽然不

多，但是为了名、为了利，整日处心积虑乃至不择手段的人实在是太多了。得到了名利也许能给你带来短暂的满足和快乐，然而名利如浮云，你能够得到它，也会不留一丝痕迹地失去它。生命对每一个人来说就是单程的旅行，没有回头路可走，所以，你应该尽量使自己的灵魂沉浸在轻松、自在的状态中。

人人都有名利之心，这是不可避免的，但是一个人要求富贵，必须得之有道，持之有度。就生活的价值而言，如果我们能够体味人生的酸甜苦辣，没有虚度时光，心灵从容充实，则不管我们是贫是富皆可以满意了。

富贵荣华生不带来，死不带走。如果我们看破了这一点，对于世间的荣华富贵不执著和贪恋，那么我们的心胸自然就会平静如水。

有些人总是费尽心机地追逐金钱和地位，一旦愿望实现不了，便口出怨言，甚至生出不良之心，采用不义手段来为自己谋利，到头来还会因此害了自己，庄子曾说过："不为轩冕肆志，不为穷约趋俗，其乐彼与此同，故无忧而已矣。"这句话大意是说那些不追求官爵的人，不会因为高官厚禄而沾沾自喜，也不会因为穷困潦倒、前途无望而趋炎附势、随波逐流，在荣辱面前一样达观，所以他们也就无所谓忧愁。庄子主张"至誉无誉"，在他看来，最大的荣誉就是没有荣誉。他把荣誉看得很淡，他认为名誉、地位、声望都算不了什么。尽管庄子的"无欲"、"无誉"观有许多偏激之处，但是当我们为官爵所累、为金钱所累的时候，何不从庄子的训喻中发掘一点儿值得借鉴的东西呢？

其实，人活着就是为了享受快乐，但生活中很多人由于贪心过重，为外物所役使，终日奔波于名利场中，每天抑郁沉闷，不知人生之乐，所以我们不妨花点儿时间，平心静气地审视一下自己，是否在心中藏着

许多欲求而不可得的小秘密,是否常常被这些或名或利的欲望搅得心烦意乱?心中有点儿小秘密是正常的,因为每个人总会有这样或那样的欲求,只不过有的人懂得如何正确地面对这些或者正当或者不正当的欲求:对于正当的欲求,他会尽量去满足,实在凭自己的能力满足不了,他也会平心静气地面对这样的事实;对于不正当的欲求,他会为此而感到内疚、感到惭愧,会在心底检讨自己,不会发展到为了这样的欲求而不择手段的地步。但也有人不会控制自己的名利之心,结果贻误了自己,毁了自己的一生。

◇ 看淡名利,活出生活的本色

人生在世,何必太醉心于名利?何必为了满足自己无止尽的欲望东奔西走,忙得唉声叹气?只要认真做好自己应该做的事,在知足中细细地品味生活的乐趣,你就没有辜负自己的一生,没有白活一世。

名利是一个非常富有吸引力的字眼,同时也是许多人立足社会、搏击人生的主动力。自古以来,功名利禄就是一些人的人生奋斗目标,有多少人为了光宗耀祖、福荫万世而削尖了脑袋挤仕宦之途,又有多少人因为人生的不得意而郁郁寡欢。综观古今,在这个世界上,春风得意、踌躇满志的人毕竟是少数,历史上留下来的更多的还是为名和利所困扰、所击败的悲剧。生活的道路本来是很宽阔的,人生的价值也并不全是能够用名和利来衡量的,因此,若想活得轻松自如些,你就应该看淡名利,活出生活的本色来。

孟子曾经说过:"养心莫善于寡欲,其为人也寡欲,虽有不存焉,

寡矣；其为人也多欲，虽有存焉，寡矣。"其大意是说，如果一个人心中的欲望是很有限的，那么对于他来说，外界获得的东西是多是少都与自己无关，少了不影响他内心的平衡，而多了也不会助长他的欲望；假若一个人心中时刻充满着无尽的欲望，那么他永远也不会有舒心的时候。名轻利少则一心想着往上爬、挣大钱；名成利收之后，欲望却会再一次膨胀。如此循环下去，永远追求着名利，直至生命的尽头却仍然不知满足，这样的生命还能有多大意义？

　　一个人若养成看淡名利的人生态度，那么面对生活，他就更易于找到乐观的一面。他所看到的是人生值得讴歌的部分，而对可望而不可即的空中楼阁没有兴趣。现代人面对花花绿绿的精彩世界更应当有淡名寡欲的思想，如此方能在纷繁的世界、众多的不公平中与自己的心中构筑一片宁静的田园。

　　要能够在纷繁的大千世界始终保持着平和的心态，就要有穷通达观的人生态度。所谓穷通达观的人生态度，就是指"穷亦乐，通亦乐"：身处贫穷之中能够找到生活的乐趣，感到快乐；身处富裕之中也能够心态平和，享受生活之乐。说到底，在生活中我们应该始终保持乐观的生活态度，采取一种顺应命运、随遇而安的生活方式，如此，不管是处于顺境还是逆境，我们都能过快乐的、自由自在的生活而不会庸人自扰，不会羡慕那些有钱的大款和老板，不会抱怨自己的命不好。

　　一对夫妻年轻时共同创业，到了中年终于小有成就，公司净资产达1000多万，而且发展势头良好。提起这对夫妻档，商界的人都竖起大拇指。然而就在他们的事业如日中天的时候，两人却隐退了，他们辞去了董事长、总经理的位置，将大部分股份卖给一个他们平时就很欣赏的企业家，将房子和车委托给好朋友照管，两个人就潇洒地环游世界去

了。消息传出后,大家都觉得太可惜了,一些亲戚朋友也不理解,讽刺他们说:"年龄这么大了,办事却像小孩子一样,那么大的家业说丢就丢,放着好好的老总不做,偏要去环游世界!"

在一些人眼里,这对夫妻确实傻得可以,竟然真的就这样抛下名利,从此以后,他们再也体验不到当老总的风光及大把大把地赚钱的乐趣了。其实,这对夫妻才是真正的聪明人,他们抛弃了虚名浮利却得到了生活的真正乐趣。

名,是一种荣誉、一种地位。有了名,通常可以万事亨通、光宗耀祖。名确实能给人带来诸多好处,因而不少人为了一时的虚名所带来的好处,会忘我地去追求。

然而,沉溺于名会让你找不到充实感,让你备感生活的空虚与落寞。尤为可怕的是,虚名在凡人看来往往闪耀着耀眼的光芒,引诱他们去追逐它。尽管虚名本身并无任何价值可言,也没有任何意义,但是总有那么一些人为了虚名而展开搏杀。而真正体会到生命的意义、人生的真谛的人都不会看重虚名。其实,实在没有必要为了得到一个毫无价值、毫无意义的虚名而去钩心斗角,弄得邻里打得头破血流、朋友反目成仇、兄弟自相残杀。

钱是一种财富,是让生活更加舒适的保证。有了钱,就可以住豪宅、开名车、吃大餐。在一些人眼里,金钱甚至是一种带有魔力的、可以让人为所欲为的东西。

然而,任何事情都有相反的一面,金钱也会给你带来很多麻烦。比如有了钱以后,你就得为自己的安全担忧,谁知道哪个家伙是不是正打着"劫富济贫"的算盘;有了钱,你就会失去很多朋友,你可能会担心对方是不是冲着你的钱来的……

人的一生面临许多关卡，许多事情都是难以预料的，不管是名分地位还是财富，都不是自己所能决定的。人生活在这个社会中，不可能事事顺心，或许一生的努力都是徒劳，或许高官厚禄、巨额钱财在顷刻之间就会离你而去，荣耀风光也会成为黄粱一梦。一些人老谋深算，为了争名夺利，不择手段地算计他人，可在突然之间却已被他人算计。人何必活得这么辛苦，又何必活得这么低贱？因此，淡泊名利是人生幸福的重要前提。如果你渴望轻松，渴望真正地获得生命的意义，那么请记住：看淡名利。

如果你的心里还在为领导这次提拔了别人而没有提拔你感到愤愤不平，如果你还在因为与你一起购买体育彩票的邻居中了大奖而你却什么也没有得到而久久不能释怀消气，那么看了上面的几个例子，你是不是觉得有所悟？其实，名利本来就是那么一回事。

◆ 富甲天下，不如一朝快乐

贪婪是灾祸的根源，过分地贪婪与吝啬只会让人渐渐地失去信任、友谊、亲情等；物欲太盛会致使灵魂变态，精神上永无快乐、永无宁静，只能给人生带来无限的烦恼和痛苦。

人若终日背负名利于心，试问何处盛装快乐？若整日尔虞我诈，试问快乐从何而言？若患得患失、阴霾不开，试问快乐又在哪里？若心胸狭隘、不懂释然，试问快乐何处寻找？

某富翁身背诸多金银四处寻找快乐，然而行遍万水千山，却仍不知快乐为何物。

这天，富翁在林边歇息，恰逢一个挑夫自此经过，于是富翁问道："我空有万贯家财，为何却没有快乐？请问如何才能找到快乐呢？"

挑夫卸下肩头的一大捆柴，一边擦汗一边回答："对我来说，快乐很简单，你看，放下了就会轻松、就会快乐。"

富翁茅塞顿开：自己身背大量金银，生怕会有闪失，整日提心吊胆，又何来快乐呢？于是，富翁决定广结善缘、广散钱财，让那些需要救济的人都能喜笑颜开，而他也尝到了快乐的滋味。

穷与富，并不是衡量快乐的标准。一个人若能超然于外物，即便他仅有野蔬果腹也能自得其乐。相反，一个人若一直为名利所累，即便他富甲天下也很难求得一朝快乐。

面对得与失、顺与逆、成与败、荣与辱，我们要坦然视之，不必斤斤计较、耿耿于怀，否则只会让自己活得很累。

惠子当梁国的宰相时，有一次庄子去看他，因为二人一向友情很深，庄子来了以后，有人在背后对惠子说："庄子这次来是想取代你宰相的位置，你要小心点儿！"

惠子一听，便担心了，决定先下手为强，捉拿庄子，以除后患。可是在全国搜捕了3天，始终没发现庄子的影子。当惠子放下心来依旧当他的宰相时，庄子却来求见。原来庄子并没逃走，只是藏起来了。

庄子对惠子说："南方有一种鸟名叫鹓，您听说过吧？鹓是凤凰一类的鸟，它从南海飞到北海，不是梧桐不栖身，不是竹子的果实不吃，不是甘美的泉水不喝。就在这时，一只老鹰抓到了一只腐烂的死老鼠，鹓从它的身边飞过，老鹰便紧张起来，把死老鼠抓得更紧了。"

庄子讲完，惠子面红耳赤，不知说什么好。

还有一次，庄子在濮河边钓鱼，楚威王派两个大夫前来，带着楚威

王的亲笔信，要请庄子去当楚国的宰相。两个大夫客气地转达楚威王的问候："大王想拿我们国家的事麻烦您，请不要推却。"

庄子听后只自顾自地钓鱼，手里拿着钓竿，眼睛盯着水面，对两位大夫的恭敬与楚王的盛情一点儿也不理睬。最后庄子说："我听说楚国有一只神龟，死了已经3000年。楚王把它的遗体用竹箱子装着，用手巾盖着，珍藏在庙堂里。您二位说这只龟是愿意死了以后留下骨头让人珍惜还是宁愿活着，在沼泽中摇头摆尾呢？"

两位楚大夫答道："那当然是愿意活着，在沼泽里摇头摆尾了。"

庄子大笑道："那好，您们回去吧。我愿意活着，在沼泽里摇头摆尾、自由自在。"

人处于世间，如果能从宇宙和历史的眼光来看待人生，会深感人生的渺小、生命的短暂。以此而言，争强好胜、求名夺利意义何在？如此就会生活得更好吗？苏东坡说："西望夏口，东望武昌，山川相缪，郁乎苍苍，此非孟德之困于周郎者乎？方其破荆州，下江陵，顺流而东也，舳舻千里，旌旗蔽空，酾酒临江，横槊赋诗，固一世之雄也，而今安在哉！"

◆ 学会控制贪欲

再多的金钱也买不来快乐，反而会让你越活越累，何必如此呢？放弃对金钱的贪念吧，你会因此得到更多的快乐。

金钱只是一种工具，从古至今，金钱成就了很多人，但也毁了很多人，关键在于掌握金钱的人如何对待这个身外之物，人们熟知的美国石

油大王洛克菲勒就是一个典型的实例。他出身贫寒，在创业初期，人们都夸他是个好青年，而当黄金像贝斯比亚斯火山流出的岩浆似的流进他的金库时，他变得贪婪、冷酷，同时也伤害到宾夕法尼亚州油田地带公民的切身利益——农田被毁、生活不得安宁，因此一些有的受害者做出他的木像，亲手将"他"处以绞刑，无数充满憎恶和诅咒的威胁信涌进他的办公室，连他的兄弟也十分讨厌他，而特意将儿子的遗骨从洛克菲勒家族的墓园迁到其他地方，并说："在洛克菲勒支配下的土地内，我的儿子也无法安眠。"

在洛克菲勒53岁时，他疾病缠身，变得像个木乃伊，医生们终于向他宣告了一个可怕的事实：他必须在金钱、烦恼、生命三者中选择其一。这时，他才开始醒悟到是贪婪的魔鬼控制了他的身心。他听从了医生的劝告，退休回家，开始学打高尔夫球、上剧院去看喜剧，还常常跟邻居闲聊。经过一段时间的反省，他开始考虑如何将庞大的财产捐给别人。

起初，这并不是一件容易的事，他捐给教会，教会不接受，说那是腐朽的金钱。但他不顾这些，继续热衷于这一事业。听说密歇根湖畔一家学校因资不抵债而被迫关闭，他立即捐出数百万美元而促成如今国际知名的芝加哥大学的诞生。洛克菲勒还创办了不少福利事业，帮助黑人。从那以后，人们渐渐地理解了他，开始用另一种眼光来看他。他造福社会的"天使"行为不但受到人们的尊敬和爱戴，还给他带来了用钱买不到的平静、快乐、健康加高寿，他在53岁时已濒临死亡，结果却以98岁高龄辞世。

洛克菲勒曾被金钱带入另一个轨道，幸运的是他及时让自己回复了神志，得到了重获新生的机会。在他死时，只剩下一张标准石油公司的

176

股票。生活是需要平衡的，每一个环节都很重要，不能稍有偏废，如果过分贪婪，把握不住必要的尺度，就很容易受到伤害，有一则寓言也从另一个角度阐释了同样的道理。

从前有个特别爱财的国王，一天，他对说："请教给我点金术，让我把伸手所能摸到的都变成金子，我要使我的王宫到处都金碧辉煌。"

神说："好吧。"

于是第二天，国王刚一起床，他伸手摸到的衣服就变成了金子，他高兴得不得了，然后当他吃早餐时，伸手摸到的牛奶也变成了金子，摸到的面包也变成了金子，这时他觉得有点儿不舒服了，因为他吃不成早餐，得饿肚子了。他每天上午都要去王宫里的大花园散步，当他走进花园时，他看到一朵红玫瑰开放得非常娇艳，情不自禁地上前抚摸了一下，玫瑰花立刻也变成了金子，他感到有点儿遗憾。在这一天里，他只要一伸手，所触摸的任何物品都变成金子，后来，他越来越恐惧，吓得不敢伸手了，他已经饿了一天了。到了晚上，他最喜欢的小女儿来拜见他，他拼命喊着不让女儿过来，可是天真活泼的女儿仍然像往常一样径直跑到父亲身边，伸出双臂来拥抱他，结果女儿变成了一尊金像。

这时国王大哭起来，他再也不想要这个点金术了，他跑到神那里，对神祈求："神啊，请宽恕我吧，我再也不贪恋金子了，请把我心爱的女儿还给我吧！"

神说："那好吧，你去河里把你的手洗干净。"

国王马上到河边拼命地搓洗双手，然后赶快跑去拥抱女儿，女儿又变回了天真活泼的模样。

佛家有云："钱财乃身外之物。"生不带来，死不带去；得之于正道，所得便可喜；用之于正道，钱财便助人成就好事。如果做了守财

八 金钱不是一切，你可以选择寡淡

177

奴，一点点小钱也看得如性命，甚至为了钱财忘了义理，为一得失不惜毁了容颜丢掉性命，那也就是为物所役，那倒不如无此一物了。因此古人告诉我们说，人这一生可留意于物，但绝不可留恋于物，更不可为物所役。可见，控制贪欲是非常必要的。

◆ 不要抓住金钱不放

不要抓住金钱不放，你可以随时享受生活，而不必限定在有了一定数量的金钱以后。

我们总是认为必须有钱才能享受生活，事实上享受生活只和你的心态有关，和你的金钱并没有太大的关系。

在一个美丽的海滩上，有一位不知从哪儿来的老人每天坐在固定的一块礁石上垂钓。无论运气怎样、钓多钓少，两小时的时间一到，便收起钓具扬长而去。

老人的古怪行为引起了一位后生的好奇。一次，这位小伙子忍不住问："当您运气好的时候，为什么不一鼓作气钓上一天？这样一来，您就可以满载而归了！"

"钓更多的鱼用来干什么？"老人平淡地反问。

"可以卖钱呀！"小伙子觉得老人傻得可爱。

"得了钱用来干什么？"老人仍平淡地问。

"您可以买一张网，捕更多的鱼，卖更多的钱。"小伙子迫不及待地说。

"卖更多的钱又干什么？"老人还是那副无所谓的神态。

"买一条渔船，出海去捕更多的鱼，再赚更多的钱。"小伙子继续回答。

"赚了钱再干什么？"老人仍是显出无所谓的样子。

"组织一支船队，赚更多的钱。"小伙子心里直笑老人的愚钝不化。

"赚了更多的钱再干什么？"老人已准备收竿了。

"开一家远洋公司，不仅捕鱼，而且还能运货，浩浩荡荡地出入世界各大港口，赚更多更多的钱。"小伙子眉飞色舞地描述道。

"赚更多更多的钱干什么？"老人的口吻已经明显地带着嘲弄的意味。

小伙子被这位老人激怒了，没想到自己反倒成了被问者。"您不赚钱又干什么？"他反击道。

老人笑了："我每天只钓两小时的鱼，其余的时间，我可以用来看看朝霞、欣赏落日、种种花草、蔬菜，会会亲戚朋友，优哉游哉，更多的钱对于我何用？"说话间，老人已打点行装走了。

抛弃了功利的思想，悠闲自在地在海滩上垂钓，不用为钱耗费心力，不用与人钩心斗角，这是一种多么令人神往的人生境界啊！然而生活中，很多人仍然认为只有自己挣到了足够的钱，才能不再为钱忧心，自在地享受生活，然而真的是这样吗？

雷先生是一个成功的商人，家有娇妻爱子、汽车洋房，还有令人羡慕的事业，人人都说雷先生实在太幸运、太幸福了，但雷先生总觉得自己活得很累：从早到晚应酬不断、推杯换盏；在生意场上费尽心力明争暗斗、没完没了；在公司里忙忙碌碌，事无大小都得亲力亲为……更可气的是回到家里妻子和孩子还不理解他，妻子指责他冷落了自己，孩子埋怨他不带自己出去玩，雷先生也一肚子火，自己在外这样拼死拼活都

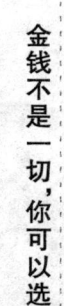

是为了多赚点儿钱，让一家人生活得更幸福，怎么一片好心倒落了一身埋怨呢？这不，为了工作，他决定将已经一再推迟的家庭旅游计划再推迟一段时间，这个决定惹恼了妻子，两人大吵一架后，妻子带着孩子回了娘家，留下雷先生一个人在家喝闷酒：我到底哪儿做错了？

雷先生显然错解了幸福的含义，他似乎认为拥有的金钱越多，生活就越幸福，他也总在想：等我拥有足够的金钱，我就可以放下一切，自由地享受生活，然而金钱的诱惑似乎常常与手头拥有的数目直接成正比例：你拥有越多，你越想要。同时，每1元钱的增量价值似乎与实际价值成反比例：你拥有越多，你需要越多。金钱能够买到舒适的生活，促进个人自由。但一旦钻到钱眼里，金钱就会束缚个人的自由，因此，雷先生如果不改变心态，那么即使拥有更多的钱，他仍旧无法为自己和家人带来快乐。

亚里士多德曾这样描写那些富人们："他们生活的整个想法是，他们应该不断增加他们的金钱，或者无论如何不损失它们。拥有一个美好的生活必不可缺的是财富的数目，财富的数目是没有限制的。但是，你一旦进入物质财富领域，便很容易迷失方向。"

45岁的银行家弗兰克说："虽然我拥有超过200万英镑的财产，但我感到压力很大，我不能在每年十五万英镑的基本收入的基础上使收支相抵。我想也许我正在失控，我总是苦于奔波，但我还是错过了许多约会。当我不得不作决定时，我感到好像有人把他的拳头塞进了我的肠子里并不松手。午夜时，我会爬起来开始翻报表，我只是想让自己平静下来。我无法睡觉，无法停下来，然而我还是不能取得进步。"

很明显，在弗兰克看来，他所取得的一切都没什么意义，他真的相信，当他达到他的金融目标时，他将感觉像一位国王，金钱已成为他的

自尊和支柱，一种对人的价值的替代物。他意识到金钱本身绝不可能让他幸福，并且一直到他重新界定他的价值和他的优先考虑事项为止，弗兰克将继续在成功边缘摇摆不定，将他的家庭和健康置于危险之中。

◆ 别让欲望毁了你的生活

人的欲望是很难满足的，所以我们要学会知足，不能对自己的私欲放任自流，别让欲望毁了你的生活。

人们总是认为自身的欲望得到满足时，才会感到幸福，然而人的欲望就像一个无底洞，什么时候才能满足呢？拥有万贯家财，还想要飞来横财；官居高位，还想再升一级。因为贪得无厌，因为不知足，所以很多人都在名利中迷失了自己。

有一个农民想买一块土地，他打听到有个地方的人想卖地，于是就到了当地，向当地人询问土地的价格。

当地人说："只要交2000块钱，给你一天的时间，从太阳升起的时候算起，直到太阳落下地平线，你能用步子圈多大的地，这些地就都归你了；但是在太阳落下地平线之前不能回到起点的话，这些土地你将一寸也得不到。"

农民心里想："如果我辛苦一点儿，多走一些路，就可以圈更大的土地了，这样的生意实在是太划得来了。"于是他就和当地人签订了合约。

天刚刚亮，他就迈着大步向前奔走；到了中午，他顾不得吃饭，当回头时他已经看不见了出发的地方，但他仍然不停地往前走，心里在

想:"再忍耐一点儿,以后就可以多享受一点儿了。"

他又走了很远的路,眼看太阳就要落山了,他心里非常着急,因为如果太阳下山之前他不赶到起点,这些土地都将不属于他了,于是他大步往回赶,可是太阳很快就要落到地平线以下了,终于他耗尽了全身的力气,这时离起点只剩两步了,当他倒下的时候两只手刚好触到起点的那条线。那片土地归他了,可是又有什么用呢?他已经失去了生命。

我国古代南朝的中书令王僧达从小聪明伶俐,却养成了不知检点的毛病。孝武帝即位时,他被提拔为仆射,位居孝武帝的两个心腹大臣之上。王僧达也因此更加自负,以为自己在当朝大臣中无人能及。他在朝时间不长,就开始觊觎宰相的位置,并时时流露出这一情绪。谁知,事与愿违,就在他踌躇满志之时,却被降职为护军。此时,他并没有醒悟,仍惦记着做官,并多次请求到外地任职。这又惹怒了皇上,他被再次削职。这回,他终于恼羞成怒,对朝政看不顺眼,所上奏折言辞激昂,终于被人诬陷为串通谋反而被赐死。

王僧达的死,究其原因在于其不知足,因为,按照他的年龄、资历,没几年就升到仆射一职已属不易,可他竟想入非非,以为"一人之下,万人之上"的宰相非他莫属了,岂料,事情的发展有许多是不以人的意志为转移的。于是,一个筋斗使他从云层中翻滚了下来,真正遭到了灭顶之灾,因此可以这样说,追名逐利的贪心使王僧达丢失了性命。

由于贪婪,上述故事中的农民和王僧达都失去了自己的生命,没有了生命,贪婪得来的东西又有什么意义呢?欲壑难填正是人性中最大的缺憾。而不知足的人,即使有再多的金钱、再高的地位,也无法获得幸福。

从前,印度有一个贵族老爷,他最高兴的事情就是发财,但是如果让他为别人花一个小钱，他都会非常不高兴，大家全都管他叫吝啬鬼。而这个吝啬鬼最发愁的是明天赚不到大钱，最担忧的是子孙将来守不住他的财产。这些忧愁常常搅得他吃不香、睡不着。

一天，都城来了一个修道的圣人。很快百姓就传开了：这个圣人可以满足任何人的任何愿望。贵族一听，高兴坏了，心想一生中的最大愿望就要实现了，于是他立即来到圣人住的庙里，把自己的愿望告诉了圣人，圣人说："你的愿望一定能够实现，不过有一个条件。"贵族吓了一大跳，怀疑圣人是想叫他施舍财物，可他又想，自己的最大愿望就要实现了，管他提什么要求呢，便一咬牙说出了平生从来没说过的话："什么条件？圣人啊，请说吧，我一定会照办的。"

圣人说："你家旁边住着一户人家，家中只有母女俩，明天你给她们送一点儿粮食去。"贵族心想，这比起他要实现的最大愿望简直算不上什么，于是高高兴兴地答应了。

第二天，他拿着一小袋粮食来到那户人家里的时候，母女俩正快快乐乐地忙着干活，他对母女俩说："请收下这点儿粮食吧，这样你们就有吃的了。"母亲说："谢谢你，今天我们有粮食吃，我们不要，你拿回去吧。"贵族说，"过了今天，还有明天，你们留着明天吃吧。"母亲却坦然地说，"明天的事我们不担心，我们从不为明天的事情发愁，天无绝人之路，老天爷不会让我们饿死的。"说完又埋头干活去了。

听了这话，贵族先是惊愕，接着似乎恍然觉悟。他感到无地自容，赶快离开了那户人家，来到圣人那里，非常恭谨地行了个礼，然后说："圣人啊，我感谢您满足了我的最大愿望，是您给了我幸福的钥匙，说真的，不知足的人在这个世界上是永远不会找到幸福的。"

知足者常乐，不知足者常忧。人要是不知足，就永远不可能获得幸

八 金钱不是一切，你可以选择寡淡

福；人要是知足，幸福就会不请自到。贵族一直在找幸福，他以为幸福的钥匙在圣人手中，没想到这把钥匙竟在邻居那里。他从穷邻居的言谈中悟到了幸福的真谛——珍惜所拥有的，不去奢求那些遥不可及的或者本不属于你的。

◆ 以淡雅之心漠视名利的纷扰

面对生活中的名利与仁义、如何选择、如何放弃，不同的人有不同的答案。讲求仁义是衡量一个人品德的标志之一，倘若为人仁义，自会令人信服而受人尊敬；若背信弃义，则会被人看轻而遭唾弃。做人，不拘于俗世功名，不求闻达，誓不做违背良心之事，才对得起这个"人"字。

不少人对名利太过热衷，他们甚至不分是非、不计尊严地去夺取，置社会公德于不顾地去践踏别人的利益，不惜让人唾弃，这种人是可悲的。只有见利让利、处名让名，以一副淡雅、低调的心态面对名利的纷扰才是做人的最佳姿态。

面对名利，要做让利的君子，而不是得利的小人。名誉对于每个人的诱惑都是很强烈的，就要看一个人的定力和修养如何了。历史上真正对名利拿得起放得下、知道急流勇退、保命安生的要数范蠡了，他在助越王勾践灭吴之后，认为"大名之下，难以久居，且勾践为人可以共患难，难以同富贵"，就放弃了上将军的大名和"分国而有之"的大利，隐退于齐，改名换姓、耕于海畔，父子共力，后来居然"致产十万"，受齐人尊重，拜为卿相后以为"久受尊名，不祥"，就呈缴相印、尽归

其财，隐居而从事耕畜，经营商贸，积资数万，安享天年。

然而，另一个共扶勾践成就大业的文种，因为贪恋富贵功名而不听范蠡的劝告，结果果然死在勾践的手里，所以，争名夺利实际上吃亏受害的还是自己，而淡泊名利的人却福利双全，可以走向更大的成功。三国时期的大枭雄曹操很注意接班人的选择，长子曹丕虽为太子，但幼子曹植更有才华，文采更是名满天下，因此曹操有易储的念头。曹丕得知消息后问他的贴身官员该怎么办，对方回答说："愿你有德行和度量，像个寒士一样做事，兢兢业业，不要违背做儿子的礼教，这样就行了。"

有一次曹操率军出门征战，曹植朗诵自己的歌功颂德的文章讨父亲欢心，从而显示自己的才能，而曹丕只是伏地而泣，跪地不起，一句话也说不出。问他为何，他便哽咽着说："父亲年事已高，还要挂帅亲征，作为儿子心里又担忧又难过，所以说不出话来。"一言既出，满朝默然，都为太子如此仁孝而感动，反过来大家倒觉得曹植只知为己扬名，未免华而不实，有悖人子之孝道，作为一国之君恐怕难以胜任，毕竟写文章不能体现道德和治国才能，结果曹丕还是被定为太子。可是曹植不汲取教训，不收敛锋芒，不放低自己的姿态，仍然高调地结交名士，以名炫世，最终被曹丕置于死地，因此，处世低调的人知道在"名利"二字面前揣摩思量，适可而止，有所节制，懂得适度的可贵。"过犹不及"在此仍然适用。太热衷于追名逐利，不仅得不到任何的好处，最终难免会竹篮打水一场空。

某单位晋级评职称，中级职称的指标让科长占去了5个，只留了一个给工作业绩最好的职工，符合要求的6个职工中最有资历的有3个，其中有一个硕士毕业，另一个发表了许多学术论文，发表的期刊级别较高，第三个人则一切平平，除了年限到了之外，再无任何优势可言。

第三个人当然也想被评上，争了一段时间，眼看毫无指望，便偃旗息鼓，不再争了。第一、第二个人相执不下，但第一位不仅学历较高，而且与一位局长私交甚深，还人前人后地拼命活动，最后当然得到了指标。消息刚传出来，评上中级职称的员工竟然当着众人的面大骂那个与她争评职称的同事。对此，大家自然议论纷纷，除了说她缺乏教养外，更看不起她那种得了便宜又耍无赖的面孔。结果，此人的口碑陡然变得很坏，而其他4位在第二年都顺顺当当地评上了。那位前一年没评上并获得广泛同情的员工吃了多少亏呢？一年的工资差，不过是几百元左右，倒是那位最先评上职称的员工却因争名夺利对同事恶语相向，丧失了人格和名誉，这个损失岂是区区几百元钱所能赎回来的呢？凡是磨炼心性、提高道德修养、行事低调的人，必须有木石一样坚韧的意志。低调做人必须要拥有一种宛如行云流水般的淡泊胸怀，假如有贪恋功名利禄的念头，就会陷入危机四伏的险地，终将导致身败名裂的悲惨下场。

九
人生冗余太多，你可以选择简单

　　幸福与快乐源自内心的简约，简单使人宁静，宁静使人快乐。人心随着年龄、阅历的增长而越来越复杂，但生活其实十分简单。保持自然的生活方式，不因外在的影响而痛苦抉择，便会懂得生命简单的快乐。

　　当然，"简单生活"并不是要你放弃追求、放弃劳作，而是要你抓住生活、工作中的本质及重心，以四两拨千斤的方式去掉世俗中浮华的琐务。

◇ 人生无须所求太多

当你发现自己已被各种琐事捆绑得动弹不得时，是谁造成了今天这个局面？是谁让你晕头转向？答案很明白：是自己，不是别人。在大千世界里忙碌着的你我必须学会割舍，才能清醒地活着，也才能享受更大的自由。

人生的内容很多很乱，人的心思太杂太烦，站在繁华的都市街口，东边是金钱，西边是名誉；南边是地位，北边是权力；于是人总是东奔西走、南冲北突，想要的东西太多，眼睛盯着浮华世界里的功名利禄，到死才发现得到的东西很多，丢了的东西更多。生活也有能量守恒定律，追逐的同时何不找个时间休息一会儿，翻一翻身上的背囊，看你丢了什么没有？

有一对青年，婚后的生活美满幸福，并且有了一个可爱的孩子，邻居们都非常羡慕他们。然而，丈夫总觉得自己的家庭与豪门望族相比显得太土气了，于是，他告别了妻儿老小，终年奔波在外，处心积虑地挣钱。年深日久，妻子感到家庭冷清沉寂，尽管有了更多的钱财，却无异于生活在镶金镀银的墓穴中。孩子长大了，却不知道叫爸爸。后来，爸爸终于回来了，却衣衫不整、垂头丧气，原来他喜欢摆阔，遭遇了匪霸，被洗劫一空。

当妻子看到丈夫的那一刻，她什么都明白了。

丈夫像孩子似的扑进妻子的怀里，泣不成声地说："完了，一切都完了，我的心血全被那帮匪徒榨尽了，我没有活路了，我的路走完了，我后悔死了。"

妻子满眼怜惜地看着丈夫，仔细地听完了丈夫的哭诉，然后，她用手轻抚他的头发，脸上露出了几年来从未有过的微笑，说："你的路曾经走错了，但现在你的心终于回来了，这是我们全家真正幸福生活的开始。只要我们辛勤劳动、安居乐业，幸福还会伴随我们。"

从此以后，夫妻二人带着孩子辛勤劳动，共同经历风雨，用自己的汗水换来了丰硕的成果。尽管他们的生活并不奢华，但爱的心愿充溢着他们的心房，他们重新找回了昔日生活的美好，也懂得了生活真正的趣味。生活需要舒适，没有金钱是不可能达成的，但过分地追逐常会使人丧失理智、感情淡漠、心性冷酷。只有平淡处世，正确对待这些身外之物才可活得舒心自然，体会到活着的真实意图：人生不是只为背负不了的沉重而活，而是为了从背负的沉重里取一点儿成就让自己感受快乐和幸福。

海边小镇里有这样一家人，女人长得毫无姿色可言，甚至可以称之为丑，但脸上却始终挂着开心的笑。清晨，天还没亮，她就抱着孩子和男人出去接菜、卖菜；黄昏时，她坐在男人推着的木推车上。

她的怀里不是搂着她的儿子，就是破箱子、破胶袋、草席、水桶、饼干盒、汽车轮大包小包拉拉杂杂地前呼后拥把她那起码二百磅的身子围在中心。那个男人龇牙咧嘴地推着车子，黄褐色的头发湿淋淋地贴在尖尖的头颅上，他打着赤膊，夕阳下的皮肤红得发亮，半长不短的裤子松垮垮地吊在屁股上。每次木推车上桥时，男人的裤子就像要掉下来，露出半个屁股，可那个胖女人还坐得心安理得，常常还优哉游哉地吃着雪糕筒呢！铁棍似又黑又亮、又结实的手臂里的小男孩时不时把母亲拿雪糕的手抓过去咬一口，母子俩在木推车上争着吃，脸上尽是笑，女人笑得眼睛更小、鼻子更塌、嘴巴更大了。

有时她的脸看起来可能搽了粉，显得黑不黑，白不白，有点灰，有点青，粗硬的曲发老让风吹得在头顶纠成一团，而后面那个瘦男人就看

九、人生冗余太多，你可以选择简单

得那么开心，天天推着木推车，车上的肥老婆天天坐在那儿又吃又喝。有一次不知怎么，木推车不听话地直往桥脚下的一棵树冲去，男人直着脖子拼命拉，裤子都快全掉下来了，木推车还是往树的一头撞去，女人手中的碎冰草莓撒了她跟小男孩一头一脸。谁知那个男人一手丢了木推车，望着车上的母子俩大笑不止，女人一边抹去脸上的草莓，一边咒骂，一边跟着笑，笑得夕阳红了脸，笑得路人弯了腰。

在他人看来，这对夫妻没有所谓的人生的理想、生活的目标、经济的不景气，也没有风度、气质，但是一家三口每天快快乐乐地出去卖菜，每天快快乐乐地捡点儿破烂，然后跟着夕阳回家。难道这不是一种最简单的快乐吗？

丑成那样，穷成那样，又有什么关系呢？人生无须所求太多，口袋里的票子够花就行，家里的房子温馨就行，追求太高，欲望太高，往往就像打肿脸充胖子，表面看着风光无限，却丢了快乐、幸福和自由。

◇ 唯有淡泊才是永恒

生命是一种轮回。人生之旅，去日不远，来日无多，权与势、名与利……统统都是过眼云烟，只有淡泊才是人生的永恒。

生活需要简单来沉淀。跳出忙碌的圈子，丢掉过高的期望，走进自己的内心，认真地体验生活、享受生活，你会发现生活原本就是简单而富有乐趣的。简单生活不是忙碌的生活，也不是贫乏的生活，它只是一种不让自己迷失的方法，你可以因此抛弃那些纷繁而无意义的生活，全身心投入你的生活，体验生命的激情和至高境界。

谢春龙和他的妻子陈芬芳原来同在一家国营单位供职，夫妻双方都

有一份稳定的收入。每逢节假日，夫妻俩都会带着5岁的女儿小燕去游乐园打球，或者到博物馆去看展览，一家三口其乐融融。后来，经人介绍，谢春龙跳槽去了一家外企公司，不久，在丈夫的动员下，陈芬芳也离职去了一家外资企业。

凭着出色的业绩，谢春龙和陈芬芳都成了各自公司的骨干力量。夫妻俩白天拼命工作，有时忙不过来还要把工作带回家，5岁的女儿只能被送到寄宿制幼儿园里。陈芬芳觉得自从自己和丈夫跳到体面又风光的外企之后，这个家就有点儿旅店的味道了。孩子一个星期回来一次，有时她要出差，很难与孩子相见。不知不觉中，孩子幼儿园毕业了，在毕业典礼上，她看到女儿表演节目，竟然有点儿不认得这个懂事却可怜的孩子了。孩子跟着老师学习了那么多，可是在亲情的花园里，她却像孤独的小花。频繁的加班侵占了周末陪女儿的时间，以致平时最疼爱的女儿在自己的眼中也显得有点儿陌生了。这一切都让陈芬芳陷入了一种迷惘和不安当中。

你是否和陈芬芳一样经常发现自己莫名其妙地陷入一种不安之中而找不出合理的理由？面对生活，我们的内心会发出微弱的呼唤，只有躲开外在的嘈杂喧闹，静静聆听并听从它，你才会作出正确的选择，否则你将在匆忙喧闹的生活中迷失，找不到真正的自我。

实际上，一些过高的期望并不能给你带来快乐，却一直左右着你的生活：拥有宽敞豪华的寓所、幸福的婚姻；让孩子享受最好的教育，成为最有出息的人；努力工作以争取更高的社会地位；能买高档商品、穿名贵的时装；跟上流行的大潮，永不落伍。要想过一种简单的生活，改变这些过高的期望是很重要的。富裕奢华的生活需要付出巨大的代价，而且并不能相应地给人带来幸福。如果我们能降低对物质的需求，改变这种追求奢华的生活方式，我们将节省更多的时间充实自己。清闲的生活将让人更加自信果敢，珍视人与人之间的情感，提高生活质量。幸

九 人生冗余太多，你可以选择简单

福、快乐、轻松是简单生活追求的目标，这样的生活更能让人认识到生命的真谛所在。

　　一个夏天的夜晚，小和尚对师父说："我如何才能让自己的慧心常驻不灭？"师父微微一笑，反问道："你认为呢？"小和尚摇摇头，师父站起来对他说："你随我来。"于是，小和尚便随师父到了寺院的园子里。师父站定，盯着一株待开的昙花，小和尚也默默地注视着，过了一会儿，只听那昙花噼噼啪啪的，没有几分钟就将自己的美丽一展无遗，而其他的花却几乎看不到开放时的样子。到了清晨，昙花那惊艳的美渐渐消逝，而其他的花却在太阳的抚慰下依然默默地展现着自己的美，于是小和尚一下子便明白了师父的用意，知道了安守平淡的可贵。

　　发生在人与人之间的爱情也是如此。

　　有一种爱情像烈火般地燃烧，刹那间放射出的绚丽光芒能将两颗心迅速融化；也有一种爱情像春天的小雨，悄无声息地滋润着对方的心灵。前者激烈却短暂，后者平淡却长久。其实，生活的常态是平淡中透着幸福，爱情归于平淡后的生活虽然朴实但很温馨。

　　爱不在于瞬间的悸动，而在于共同的感动与守候。

　　有一对中年夫妇是朝九晚五的上班一族，每天早上，先生都扛着自行车下楼，妻子拿着包；一手拿一个男式公文包，一手挎个女式包。走出楼梯口以后，先生放定了自行车，接过妻子手中的两个包，把它们放在车筐里，然后再仔细地调试一下车铃、刹车，再回头让妻子在车后座坐稳了，最后才跨上车用力一蹬，车子载着他们平稳地向前驶去。

　　先生从来都不会忘记回过头关照一下他的妻子，只见她如小公主一般幸福地坐在车后座上，双手优雅地搂着丈夫的腰，脸上洋溢着满足的神情。先生举手投足间则透着对妻子的关爱，而妻子满脸的幸福也是对丈夫最好的报答。

　　几十年来，无数个朝朝暮暮，他们都是这么平静地生活着，岁月在

他们脸上毫不留情地留下了皱纹，然而他们的心却依然年轻，仿佛还是热恋中的少男少女。骑着自行车的男人对妻子的爱虽然谈不上奢侈，却是最朴实、最真切、最贴心的，它细微而持久，犹如三月春雨沥沥地轻洒在妻子的心田。

这就是地老天荒的爱情，不必刻意追求什么轰轰烈烈的感觉；生活的点滴之中就有一种"执子之手，与子偕老"的默契。细水长流的爱情像春风拂过，轻轻柔柔，一派和煦，让人沉醉入迷。

耀眼的烟花很美，可经过瞬间的绽放之后就不再留存任何开放的痕迹了，唯有平淡之中的况味才值得细细体味，因为那才是生活真实的滋味。

◇ 平凡的人生同样可以光彩夺目

平凡会让你更懂得珍惜自己的所有，更懂得享受生活，你也就更能体味到生活的幸福滋味。

冉冉是一个细致的、朴素的女孩，是大学二年级的穷学生。一个男生喜欢她，但同时也喜欢另一个家境很好的女生。在他眼里，她们都很优秀，也都很爱他，他为选择自己的另一半很犯难。有一次，他到冉冉家玩，当走到她简陋但干净的房间时，他被窗台上的那瓶花吸引住了——一个用矿泉水瓶剪成的花瓶里插满了田间野花。

他被眼前的情景感动了，就在那一刻，他选定了谁将是他的新娘，促使他下这个决心的理由很简单，冉冉虽然穷，却是个懂得如何生活的人，将来，无论他们遇到什么困难，他相信她都不会失去对生活的信心。

沫沫是个普通的职员，生活简单而平淡，她最常说的一句话就是：

九 人生冗余太多，你可以选择简单

"如果我将来有了钱啊……"同事们以为她一定会说买房子买车,她的回答却令人们大吃一惊:"我就每天买一束鲜花回家。""你现在买不起吗?"同事们笑着问。"当然不是,只不过对于我目前的收入来说有些奢侈。"她微笑着回答。一日,她在天桥上看见一个卖鲜花的乡下人,他身边的塑料桶里放着好几把雏菊,她不由得停了下来。这些花估计是乡下人批来的,又没有门面,所以十分便宜,一把才5元钱,如果是在花店,起码要15元!于是她毫不犹豫地掏钱买了一把。

沫沫兴奋地把雏菊捧回了家,在她的精心呵护下,这束花开了一个月。每隔两三天,她就为花换一次水,再放一粒维生素C,据说这样可以让鲜花开放的时间更长一些。每当她和孩子一起做这一切的时候,都觉得特别开心。一束雏菊只要5元钱,却给沫沫和家人带来了无穷的快乐。

楠楠是某大型国企中的一名微不足道的小员工,每天做着单调乏味的工作,收入也不是很多,但楠楠却有一个漂亮的身段,同事们常常感叹说:"楠楠要是穿起时髦的高档服装,能把一些大明星都给比下去!"对于同事的惋惜之词,楠楠总是一笑置之。有一天,楠楠利用休息时间清理旧东西,一床旧的缎子被面引起了她的兴趣:这么漂亮的被面扔了实在可惜,自己正好会裁剪,何不把它做成一件旗袍呢?!等楠楠穿着自己做的旗袍上班时,同事们一个个目瞪口呆,拉着她问是在哪里买的,实在太漂亮了!从此以后,楠楠的"中式情结"一发不可收拾:她用小碎花的旧被单做了一件立领带盘扣的风衣,买了一块红缎子面料稍许加工后,就让她常穿的那条黑长裙大为出彩。

3个身处不同环境的平凡女人有一个共同点:她们都能从平凡的生活中找到属于自己的幸福。冉冉很穷,但她懂得尽力使自己的生活精致起来;沫沫的生活平淡,她却愿意享受平淡的生活,并为生活增添色彩;楠楠无法得到与自己的美丽相称的生活,但她没有丝毫抱怨,还尽量利用已有的东西装点自己的美丽,所以最快乐的人并不是他们的一切

东西都是美好的，他们只是懂得从平淡的生活中获取乐趣而已。

其实，世界上的大多数人都并不伟大，但平凡的人生同样可以光彩夺目，因为任何生命——平凡的生命和伟大的生命都是从零开始的。只是平凡的人离零近些，伟大的人离零远些。

追求平凡，并不是要你不思进取、无所作为，而是要你于平淡、自然之中过一个实实在在的人生。平凡是人生的一种境界，肤浅的人生往往哗众取宠、华而不实、故弄玄虚、故作深沉；而平凡的人生往往于平淡当中显本色，于无声处显精神。平凡在某种程度上来说，表现为心态上的平静和生活中的平淡。平淡的人生犹如山中的小溪，自然、安逸、恬静。平凡的人生也无须雕琢，刻意雕琢就会失去自然、失去本性。

身处红尘之中，日出而作，日落而息；无宠无辱，自在逍遥，持平凡心，做平凡人，自会享受平凡的妙处。持平凡心，无欲做伟人，则虽无伟人般博大精深的威仪，但也没有高处不胜寒、举手投足左顾右盼的尴尬；持平凡心，无欲为高官，则虽无炙手可热、一呼百应的威势，但也不用煞费苦心地伺机钻营、拍马溜须、见风使舵，也不会一朝马失前蹄、树倒猢狲散，因贪欲难抑东窗事发身陷囹圄；持平凡心，无意经商成巨富，则虽无做大款纳小妾、居华屋、坐名车，挥金如土的威风，但也没有终日搏击商场、身心俱疲、满身铜臭、买空卖空，一朝船翻在阴沟，欲捧金碗却砸了瓷碗的处境。

做平凡人是一种享受：享受平凡，勤耕苦作有收获，不求名利少烦恼；享受平凡，看海阔天空飞鸟自在翱翔；看山清水秀，无限风光在眼前。享受平凡，不是消极，不是沉沦，不是无可奈何，不是自欺欺人，享受平凡是因为于平凡中你才能体会到生活的幸福和可贵，幸福不是腰缠万贯、豪华奢侈；幸福不是位高权重、呼风唤雨，幸福是对平凡生活的一种感悟，只要你经历了平凡，享受了平凡，就会发现平凡才是人生的真境界。

九、人生冗余太多，你可以选择简单

◆ 凡墙都是门，摒弃对生活的抱怨

人生就是这样的，你坦然面对，却突然发现：天没放晴，是因为雨没下透，下透了，自然就晴了。所以要学会控制自己的情绪，与家人和朋友一起享受坦然的生活，追逐自然的幸福。

天气晴朗时，是享受阳光的最好时刻。让自己时刻都处在好心情之中，不要总是强迫自己去想那些烦闷的事情，这样你就会拥有快乐的生活。

江南初春常有一段阴雨连绵的天气，很冷、很潮湿，这种天气通常会让人觉得沮丧，提不起兴趣。

但是，有一天早上，天气突然转晴了，虽然还有一些湿润的感觉，但空气很清新，而且很暖和，令人简直无法想象还会有比这更好的天气。

悦净大师喜欢这样的天气，觉得它总是让人产生各种各样的遐想，而且会让人对生命充满信心。

站在阳光明媚的街道上，悦净大师静静地看着来往的人群，内心平静，但有一丝不易察觉的快乐在心底洋溢。

这时，一个年约50岁的男人从远处走来，臂弯里放着皱皱的雨衣。当男人走近时，悦净大师快乐地向他打招呼："阿弥陀佛，今天天气很不错，对吗？"

然而，这个男人的回答却出乎悦净大师的意料，他几乎是极为厌恶地对悦净大师说："是的，天气是不错。但是在这样的天气里，你简直不知道该穿什么衣服才合适！"

悦净大师不知道该如何回答他，只是看着他很快地离开了。

或许生活中有很多不尽如人意的地方，但抱怨又能解决什么？不如放平心态，去享受生活给予我们的一切，你会发现，原来"天气"一直不错。

很多时候，我们总是觉得生活亏待了自己，所以总是对生活怀有很大的怨气。而当这些怨气发泄出来的时候，又会牵连到我们身边的人，于是很多无缘无故的争吵便破坏了我们生活的和谐。

有两孤儿都被来自欧洲的外交官收养了。两个人都上过世界各地有名的学校，但他们两个人之间存在着不小的差别：其中一位是40岁出头的成功商人，他实际上已经可以退休享受人生了；而另一个是学校的教师，收入低，并且一直觉得自己很失败。

有一天，他们一起去吃晚饭，晚餐在烛光的映照中开始了，他们开始谈论在异国他乡的趣闻逸事。随着话题的一步步展开，那位学校教师开始越来越多地讲述自己的不幸：她是一个如何可怜的亚细亚孤儿，又如何被欧洲来的父母领养到遥远的瑞士，她觉得自己是如何的孤独。

开始的时候，那位商人表现出同情。随着她的怨气越来越大，那位商人变得越来越不耐烦，终于忍不住制止了她的叙述："够了，你一直在讲自己有多不幸，你有没有想过如果你的养父母当初在成百上千个孤儿中挑了别人又会怎样？"学校教师直视着商人说："你不知道，我不开心的根源在于……"然后接着描述她所遭遇的不公正待遇。

最终，商人朋友说："我不敢相信你还在这么想！我记得自己25岁的时候无法忍受周围的世界，我恨周围的每一件事，我恨周围的每一个人，好像所有的人都在和我作对似的。我很伤心与无奈，也很沮丧。我那时的想法和你现在的想法一样，我们都有足够的理由抱怨。"他越说越激动，"我劝你不要再这样对待自己了！想一想你有多幸运，你不必像真正的孤儿那样度过悲惨的一生，实际上你接受了非常好的教育。你

九 人生冗余太多，你可以选择简单

负有帮助别人脱离贫困旋涡的责任,而不是找一堆自怨自艾的借口把自己围起来。在我摆脱了顾影自怜,同时意识到自己究竟有多幸运之后,我才获得了现在的成功!"

那位教师深受震动,这是第一次有人否定她的想法,打断了她的凄苦回忆,而这一切回忆曾是多么容易引起他人的同情。

商人朋友很清楚地说明他二人在同样的环境下历经挣扎,而不同的是他通过清醒地自我选择让自己看到了有利的方面,而不是不利的阴影,"凡墙都是门",即使你面前的墙将你封堵得密不透风,也依然可以把它视作你的一种出路。

琐碎的日常生活中,每天都会有很多事情发生,如果你一直沉浸在已经发生的事情中不停地抱怨,不断地自责,这样下去,你的心境就会越来越沮丧。一直只懂得抱怨的人注定会活在迷离混沌的状态中,看不见前头亮着一片明朗的人生天空。

◆ 从疯狂的忙碌中解脱

身心过于劳累,不懂得一张一弛之道,就是把心灵与身体割裂开来,心中的罗盘必将失灵。此时,无论你付出多少,也会因茫无目标而徒劳无功,身心健康反而会被无数的困扰所吞噬。

养生之道在于一张一弛,琴弦绷得过紧会断掉,人也一样,不能始终处在劳累之中。

现代人的生活方式可以用"疯狂"两个字来形容。无论是工作、教育孩子、做家务,还是参与社会活动、健身运动、慈善活动等,都让

我们忙乱不已。我们都希望能十全十美，做个好公民、好伴侣、好父母、好朋友。只要有可能，我们还希望生活中有点儿意外刺激。问题在于我们每个人一天只有24个小时，我们能做的事就只有那么多。除了这些以外，现代生活中更有许多推波助澜的工具，例如科技与更高层次的发明，电脑、高科技产品的发明使我们的世界"缩小"了，相对地，时间也不够用了。我们做任何事都比以前快多了，也使我们都变得没有耐性，任何事都要速成。有一些人，不过在快餐店中等了3分钟就大呼小叫，或是电脑开机的过程慢了一两秒就等不及了。当我们在等红绿灯或飞机晚点时急得团团转，完全忘了我们现今所搭乘的交通工具已经非常舒适又快捷了。不要忘了我们的生活已经变得越来越好了，着急的时候抬头看看天。

一味地赶个不停，会让自己无法在所做的每件事情中获得快乐与满足，因为我们的重心不在此刻，而是在下一刻，所以难免总是有点儿力不从心的感觉。

其实，大部分人都在获得成功：找到了较好的工作、打赢了官司、公司的职位上升、有一个幸福的家、假期旅游或任何好事临头，这些都是生命中的好事。但如果一直将焦点集中在这些好事上，做完这件做那件，好了还要更好。那么你在追求更好更多的同时就丧失了从日常生活中获得快乐的机会——美丽的笑容、欢笑的孩子、简单的善行、与爱人共享晨曦落日，或是一起欣赏秋天的树叶如何改变颜色，等等。

如果一天做6件事，却因为时间不够，每件事都匆忙潦草地做完，倒不如一天只做3件事，让自己从容不迫地做好每件事，使自己有心情享受生活中点点滴滴的小事。当然，赶时间有时是生命的一部分，是不可能完全避免的，有时在同一段时间还可能要应付几个人，无论如何，这样的情形都有个人的因素。如果警觉到自己有急匆匆的倾向，就慢下脚步来抬头看看天，想想生活中美丽的小事，让自己的心平静下来。如

九 人生冗余太多，你可以选择简单

199

果能放慢脚步，即使只是慢一点点，你就会发现许多单纯的快乐。

不可否认，生命中最美好的事很多都是最简单的，用不着怀疑，找到一种单纯的快乐能让你的生活更愉快、更平静。

苏娅就有这种单纯的快乐，并足以作为典范。每一年，她都会在后院种几簇玫瑰，那种紫红色的，没见过有谁像她那样热爱玫瑰的。一天中有好几次，她会走去看这些花，有时嘴上还会说："谢谢你们长得这么美，我喜欢你们……"她用爱心灌溉着这些犹如奖赏的花。时节到了，她会将花剪下来，放在家中让每个人欣赏。有朋友来时，她会送他们一束玫瑰花，这也让她和朋友们分外满足。

你可以想象得出，这种单纯的快乐不只是让她家院子或房间变得美丽，更使得她朋友的生活也变得非常快乐而有意义，那种价值绝非一束花所能比拟的。从某个角度来说，那些花就犹如她生活中的守护神一样，她渴望看到它们、照顾它们。当她想到花儿时会微笑，相信花儿让她保持了洞察生命的能力。她并不会将这种单纯的快乐当做鼓舞任何人的动机，但她看到它们在周围人身上也产生了很好的影响。

苏娅也有忙碌的工作，但她努力不让自己像陀螺一样疯狂地转个不停，而是懂得忙里偷闲。其实静下心来想想，每个人都会找到一些单纯的快乐。例如，在灯下捧一本喜欢的书、一个人静听自己喜欢的音乐、到附近的公园走走、坐公交车给身旁的人让个座，这些简单的事都能带给我们快乐。我们享受的快乐越多，越能有达观的胸襟，活得越有滋有味。

从"疯狂的忙碌"中解脱，每个人至少能找到一两件单纯的快乐。无论是和老朋友聊天，或散步、兜风，甚至逛商店，对你都有非凡的意义，你的生活品质也会因此提高。

因此，不要不顾一切一味地努力向前冲，要时常停下来，反省自己的方向是否正确。事业不能仅靠拼劲，还需要停下来思考，休息是为了让我们的灵魂能够追得上我们的身体。

◆ 幸福就在你身边

人们往往喜欢梦幻中的虚设，不停地追寻着某种不实在而忽略了周围的一切；其实最真的生活、最大的幸福常常就在我们身边，而大多数人都不自知。

一个20出头的年轻小伙子急匆匆地走在路上，对路边的景色与过往的行人全然不顾。

有个人拦住了他，问："小伙子，你为何行色匆匆啊？"

小伙子头也不回，飞快地向前跑着，只泛泛地甩了一句："别拦我，我在寻求幸福呢！"

转眼20年过去了，小伙子已变成了中年人，他依然在人生的路上疾驰。

又有一个人拦住了他："喂，伙计，你在忙什么呀？"

"别拦我，我正在寻求幸福。"变成中年人的小伙子仍然急匆匆地回答。

又是20年过去了，这个中年人已经变成了一个面色憔悴、老眼昏花的老头儿，还在路上挣扎着向前挪。

一个人拦住了他："老头子，还在寻找你的幸福吗？"

"是啊。"他焦急而无奈地答道。

当老头儿回答完这个人的问话后，不经意地向后看了一眼，他猛地一惊，一行热泪滚了下来，原来刚问他问题的那个人就是幸福之神啊！他寻找了一辈子，可幸福之神实际上就在他旁边。

一些人在年轻时，不知道什么是幸福、什么是生活，总以为幸福在

别处，别处才是自己的归宿，总盼望着别处不同的生活，总以为那未知的生活一定是好的，所以不停地追寻，直到有一天猛然发现幸福原来就在这里、就在此时。享受自身的生活，享受各种甜、酸、苦、乐，才是生命的真谛。

幸福不在别处，幸福就在你身边，在日复一日的单调劳作中，在一日三餐的清茶淡饭中。

一位哲人曾说过：我为了寻求幸福，走遍了整个大地。我夜以继日、不知疲倦地寻找着幸福。有一次，当我已完全丧失了找到它的希望时，我内心的一个声音对我说，这种幸福就在你自身。我听从了这个声音，于是找到了真正的、始终不渝的幸福。

我们都在寻找幸福的使者，她在哪儿？她就在我们身边。

"真正的幸福之源就是我们自身，对于一个善于理解幸福的人，旁人无论如何也不能使他真正潦倒。"卢梭如是说。

一位少妇回家向母亲倾诉，说她的婚姻很是糟糕，丈夫既没有很多的钱，也没有好的职业，生活总是周而复始、单调乏味。母亲笑着问，你们在一起的时间多吗？女儿说，太多了。母亲说，当年，你父亲上战场，我每日期盼的是他能早日从战场上凯旋归来，与他整日厮守，可惜他在一次战斗中牺牲了，再也没有能够回来，我真羡慕你们能够朝夕相处。母亲沧桑的老泪一滴滴掉下来，渐渐地，女儿仿佛明白了什么。

我们在追求着幸福，幸福也时刻伴随着我们。只不过很多时候，我们身处幸福的山中，在远近高低的不同角度看到的总是别人的幸福风景，往往没有悉心感受自己所拥有的幸福天地。如果人生是一次长途旅行，那么，只顾盲目地寻找终点在何处，将要失去多少沿途的风景？

某杂志中有这样一段有趣的小文字，如果将自己和文中列举的数字对照一下，就会发现自己简直幸福得像生活在天堂中一样：

假如将全世界各种族的人口按一个100人的村庄且按比例来计算的

话，那么这个村庄将有57名亚洲人，21名欧洲人，14名美洲人（包括拉丁美洲），8名非洲人，52名女人和48名男人，30名白人和70名非白人，30名基督教徒和70名非基督教徒，89名异性恋者和11名同性恋者，6人拥有全村财富的89%，而这5人均来自美国，80人的住房条件不好，70人为文盲，50人营养不良，1人正在死亡，1人正在出生，1人拥有电脑，1人拥有大学文凭。

如果我们以这种方式认识世界，那么忍耐与理解则变得再明显不过了。，此外，请记住下列信息：

如果今天早上你起床时身体健康，没有疾病，那么你比其他几百万人更幸运，因为他们甚至看不到下周的太阳了。

如果你从未尝试过战争的危险、牢狱的孤独、酷刑的折磨和饥饿的滋味，那么你的处境比其他5亿人更好。

如果你能随便进出教堂或寺庙而没有任何遭受恐吓、暴行和杀害的危险，那么你比其他30亿人更有运气。

如果你的冰箱里有食物，身上有衣可穿，有房可住及有床可睡，那么你比世上75%的人更富有。

如果你在银行里有存款，钱包里有钞票，盒子里有零钱，那么你属于世上8%最幸运之人。

如果你父母双全，没有离异，并且同时满足上面的这些条件，那么你的确是最幸福的人。

其实幸福是一种自我感觉，跟别人、跟一切物质条件都没有必然的联系。你若渴了，水就是幸福；你若累了，床便是幸福，珍惜你所拥有的一切吧。简简单单的生活就是你最大的幸福。

◇ 做好人生中的"减法"

或许你过去已成功地走过"早晨",但是,当你用同样的方式度过"下午",你会发现生命变得不堪负荷、举步维艰,这就是该舍弃一些东西的时候了。

有人说过这样一句话:"年轻的时候,拼命想用'加法'过日子,一旦步入中年以后,反而比较喜欢用'减法'生活。"

所谓"加法",指的是什么都想要多、要大、要好。例如,钱赚得更多、工作更好、职位更高、房子更大、车子更豪华等。当进入中年之后,很多人反而会有一种迷惘的心态,花了半生的力气去追逐这些东西,表面上看来,该有的差不多都有了,可是自己并没有变得更满足、更快乐。

人生在不同的阶段,需要的东西自然也会有变化。

每个人在来到这个世上时都是两手空空,没有任何东西,因此重要的事情也只是吃喝拉撒睡。

然而,随着岁月流逝,人的年纪越来越大,生活也开始变得复杂,除了一大堆的责任、义务必须承担以外,身边拥有的东西也开始多了起来。

自此以后,人们便不断地奔波、忙碌,肩上扛的责任也越来越重,而那些从各处弄来的东西都是需要空间存放的,所以,需要的空间也越来越大,当我们发现有了更多的空间之后,立刻毫不迟疑地又塞进新的物品,当然,累积的责任、承诺以及所有要做的事也不断地增加。

曾有这么一个比喻："我们所累积的东西就好像是阿米巴变形虫分裂的过程一样，不停地制造、繁殖，从不曾间断过。"那些不断增多的物品、工作、责任、人际、财务占据了你全部的空间和时间，许多人每天忙着应付这些事情，累得早已喘不过气，几乎耗掉了半条命，每天甚至连吃饭、喝水、睡觉的时间都没有，也没有足够的空间生活。

拼命用"加法"的结果，就是把一个人逼到生活失调、精神濒临错乱的地步。这是你想要过的日子吗？

这时候，就应该运用"减法"了。

这就好像参加一趟旅行，当一个人带了太多的行李上路，在尚未到达目的地之前，就已经把自己弄得筋疲力尽，唯一可行的方法是为自己减轻压力，就像将多余的行李扔掉一样。

著名的心理大师容格曾这样形容，一个人步入中年，就等于走到了"人生的下午"，这时既可以回顾过去，又可以展望未来。在下午的时候，就应该回头检查早上出发时所带的东西究竟是否适用、有些东西是不是该丢弃。

理由很简单，因为我们不能依照上午的计划来过下午的人生。早晨美好的事物，到了傍晚可能显得微不足道；早晨的真理，到了傍晚可能已经变成谎言。

用"加法"不断地累积已不再是游戏规则，用"减法"的意义则在于重新评估、重新发现、重新安排、重新决定你的人生优先顺序，如此你会发现，在接下来的旅途中，因为用了"减法"，减轻了负担，不再需要背负沉重的行李，因此你终于可以自在地开怀大笑了。

九 人生冗余太多，你可以选择简单

◇ 让生活粗糙点儿

俗话说难得糊涂，生活中，在细枝末节的事情上粗糙点，留着精力、留着体力去做真正有意义的事情，你的人生岂不是更有价值？

你在生活中是否遇到过这样的情况：休息了两天，星期一上班，却见同事无精打采、一脸疲倦，问其何故，答道：整理房间、清理柜橱、进行大清扫、洗衣服、洗被褥、洗床单、洗窗帘、擦门窗、擦桌柜、擦地板，两天没闲着，比上班还累。实际上，这位同事的家异常的干净，名副其实的一尘不染，简直可以和星级酒店媲美。

但正如某广告词所言，能够有一个五星级的家固然好，可是要看看付出的代价是不是太大。有的人为了装饰一个值得自豪的家，省吃俭用，置办高档家具，有了够星级的家，又得打扫除尘，天天忙个不停，这并不是一件划算的事。有一位名人曾经说过：并非所有的事情都值得全心全意去做。从这个意义上说，人，不如活得粗糙一点儿。家是休息的地方，相对舒适整洁一些就可以了。

活得粗糙点儿，就是多爱自己一点儿，家务活少干一点儿，朋友也不必多多益善。有人说，多个朋友多条路，其实并不完全是那么回事。有时，朋友太多了并不见得多了条路，反而多了许多负担。世界太大了，想做的事太多了，可是人生太有限了，能做得过来吗？

一位留学生与同学在洛杉矶的朋友路易斯家吃饭，分菜时，路易斯没有注意到一些细节问题，客人倒没注意，即使发现也不会在意，可是主人的妻子竟毫不留情地当众指责他："路易斯，你是怎么搞的！难道这么简单的分菜，你就永远都学不会吗？"接着她又向众人说，"没办

法，他就是这样，做什么都糊里糊涂的。"

诚然，路易斯确实没有做好，但并不值得妻子如此指责他。该留学生真佩服这位美国友人，竟然能与妻子相处10多年而没有离婚。在他看来，宁可舒舒服服地在街头吃肉馒头，也不愿意一面听着妻子唠叨，一面吃鱼翅、龙虾。

不久以后，该留学生和妻子请几位朋友来家中吃饭。就在客人即将登门之时，妻子突然发现有两条餐巾的颜色无法与桌布相匹配，留学生急忙来到厨房，却发现那两条餐巾已经送去消毒了。怎么办？客人马上就要到了，再去买俨然已经来不及了，夫妻二人急得团团转。但他转念一想："我为什么要让这个错误毁了一个美好的晚上呢？"于是，他决定将此事放下，好好享受这顿晚餐。

事实上他做到了，而且根本就没有人注意到餐巾的不匹配问题。

迪斯累利曾经说过："生命太短暂，无暇再顾及小事。"其实，我们根本没有必要把所有事情都放在心上，做人不妨糊涂一点儿，将那些无关紧要的烦恼抛到九霄云外，如此你会发现，生命中突然多了很多阳光。

乡村有一对清贫的老夫妇，有一天他们想把家中唯一值点儿钱的马拉到市场上去换点儿更有用的东西。老头牵着马去赶集了，他先与人换得一头母牛，又用母牛去换了一只羊，再用羊换来一只肥鹅，又把鹅换了母鸡，最后用母鸡换了别人的一口袋烂苹果。

在每次交换中，他都想给老伴一个惊喜。

当他扛着大袋子烂苹果来到一家小酒店歇息时，遇上两个英国人，闲聊中他谈了自己赶集的经过，两个英国人听后哈哈大笑，说他回去准得挨老婆子一顿揍，而老头儿坚称绝对不会，英国人就用一袋金币打赌，二人于是一起随老头儿回到他的家中。

老太婆见老头儿回来了，非常高兴，她兴奋地听着老头儿讲赶集的

207

经过。每当听到老头儿讲到用一种东西换了另一种东西时,她都充满了对老头儿的钦佩。

她嘴里不时地说着:"哦,我们有牛奶了!"

"羊奶也同样好喝。"

"哦,鹅毛多漂亮!"

"哦,我们有鸡蛋吃了!"

最后听到老头儿背回了一袋已经开始腐烂的苹果时,她同样不愠不恼,高兴地说:"我们今晚就可以吃到苹果馅儿饼了!"

结果,英国人输掉了一袋金币。

因此,不要为失去的一匹马而惋惜或埋怨生活,既然有一袋烂苹果,就做一些苹果馅儿饼好了,这样生活才能妙趣横生、和美幸福,而且你才有可能获得意外的收获。

十
红尘虚影重重，你可以选择真实

很多人都在尝试着为生活而改变自己，几经岁月却发现，变来变去始终跟不上世界的变化，因而自己便会觉得很迷茫。其实，一味地迎合反而会使自己很痛苦，坚持自己的本性，还原真实的自我，你将得到前所未有的快乐。

◇ 恢复真我的本性

真我的本性常因外物污染而迷惑，进而丧失真我，于是在红尘中纷扰迷失。摒除善恶得失的相对价值观念，超越绝对便可发现本性。人只有返璞归真，恢复真我的本性，才能跳出无尽的苦海。

凡尘俗世的纷繁芜杂使我们逐渐失去心性的杂色，因此，每一次的呈现都多了一点儿修饰，每一次的言语都少了一分真实，致使我们习惯于疲惫的伪装，总以为这样就可以赢得更多、过得更好。蓦然回首，那些希冀着的仍需希冀，那些渴盼着的仍需渴盼，唯独改变了的是自己的本性。扪心自问，你是否在意过自己最真实的内心世界？尊重过自己的本性？心会告诉你那个最真实的答案。有多少人曾想过改变自己，追逐想要的一切，到头来才发现自己成了一个邯郸学步的寿陵少年，不仅没有得到自己想要的，还丢了自己最初拥有的。那么，当初为什么不能尊重自己的本性，做那个最真的自己？也许正是因为没有彻悟。

有时我们因为总把眼光放在外界，追逐于自己所想的美好事物，常常忽视了自己的本性，在利欲的诱惑中迷失了自己，所以才终日心外求法而患得患失。如果能明白自己的本性，坚守自己的心灵领地，又何必自悔自恼呢？

诗人卞之琳写道："你站在桥上看风景，看风景的人在楼上看你。"带着妻儿到乡间散步，自然是一道风景；带着情人在歌厅摇曳，也是一种情调；大权在握的要员静下心来，有时会羡慕那些路灯下对弈的老百姓，可是平民百姓没有一个不期盼来日能出人头地的；拖家带口的人羡

210

慕独身的人自在洒脱，而独身者却对儿女绕膝的那种天伦之乐心向往之。

皇帝有皇帝的烦恼，乞丐有乞丐的欢乐。乞丐朱元璋变成了皇帝，皇帝溥仪变成了平民，四季交错，风云不定。一幅曾获世界大赛金奖的漫画画出了深意：第一幅是两个鱼缸里对望的鱼，第二幅是两个鱼缸里的鱼相互跃进对方的鱼缸，第三幅和第一幅一模一样，换了鱼缸的鱼又在对望着。

我们常常会羡慕和追求别人的美丽，却忘了尊重自己的本性，稍微受到外界的诱惑就可能随波逐流，事实上，每一个人都有自己独有的优点和潜力，只要你能认识到自己的这些优点，并使之充分发挥，你也必能成为某一领域的领军人物。

王羲之的伯父王导的朋友太尉郗鉴想给女儿择婿。当他知道丞相王导家的子弟个个相貌堂堂，于是请门客到王家选婿。王家子弟知道之后，一个个精心修饰后规规矩矩地坐在学堂，看似在读书，心却不知飞到哪儿去了，唯有东边书案上有一个人与众不同，他还像平常一样很随便，聚精会神地写字，天虽不热，他却热得解开上衣，露出了肚皮，并一边写字一边无拘无束地吃馒头。当门客回去把这些情形如实告知太尉时，太尉一下子就选中了那个不拘小节的王羲之。这是因为太尉认为王羲之是一个敢露真性情的人。他尊重自己的本性，不会因外物的诱惑而屈从盲动，这样的人可成大器。

因此，做人没有必要总是做一个跟从者、一个旁观者，只需知道自己的本性就足以成为一道风景。不要为外物所惑，而是要坚守自己的心灵领地，先成就自己，再造一切，这才是你首先要做的。

◆ 不要为虚荣所累

你就是你，我就是我，这个世界上有很多人比你强，也有很多不及你的人，用心活出一个个性的自我，就是你自身的价值所在。没有必要去为虚荣所累，因为它会引导你走入歧途，甚至毁了你。

有人为了虚荣不惜"打肿脸充胖子"，表面看上去很"光彩"，但吃苦受罪的还是自己，为了外表的"光彩"而遭受实在的痛苦不是一件很可悲的事吗？

莫泊桑有一篇关于虚荣心的小说《项链》，故事中的女主人公玛蒂尔德和丈夫结婚后，总在幻想自己家里富丽堂皇，摆满了银器，生活优越奢华。虽然丈夫对她百般呵护、疼爱有加，她仍然不能满足于现状。她渴望步入上流社会结交权贵，成为人人羡慕的贵妇。

一次偶然的机会，丈夫为她弄到了一张舞会的票，由于舞会上有达官显贵的出现，她高兴至极，用家里的积蓄为自己精心定做了一套晚礼服，可是却没有与之相配的首饰珠宝，她只好去找朋友借，朋友倒是非常客气，让她在自己的首饰盒里随便挑，她选中了一串钻石项链。舞会那天的晚上，她光彩照人，跳了个尽兴。回到家之后，她依然不能忘记自己在舞会上受人追捧的情景，她想要在镜子面前仔细欣赏一下自己迷人的风采，却发现项链不知在什么时候丢了，她吓得魂飞魄散，和丈夫一起找遍了大街小巷仍然一无所获，最后在一家珠宝商人那里看到了和那串一模一样的项链，价格却高得吓人。但是为了还朋友的项链，她只好以借贷的形式买下了那串项链。

为此，她付出了10年的青春让丈夫和她一起还那串项链的借款。

10年之后，当她再一次和朋友相见时，朋友怎么都认不出她了，因为她看上去比实际年龄老了很多，衣服也穿得破烂不堪，手上的皮肤干涩而粗糙。实际上，10年的苦难她根本没有必要去受，虚荣毁了她，让她为那条项链付出了昂贵的代价。现实生活中，类似的例子还有很多，许多人因为虚荣吃亏上当，甚至有苦说不出，打掉牙往肚子里咽。

小镇里有一个人在家里非常怕老婆。可是为了争面子，在外人面前他从来都说自己是一家之主，老婆什么事儿都依着他。一天，他和一群邻居在树下纳凉，津津有味地和邻居说着老婆怎么怎么怕他。碰巧一个卖地毯的小贩过来了，小贩把一卷地毯放在他面前，听完他的高谈阔论之后就开口和他讲生意："大哥，你买一块地毯吧，回去铺在地上又美观又干净，累了往上一躺，都不用脱鞋。"众人让这个小贩打开地毯看一看，花色确实很漂亮，就劝他买下，他佯装称赞一番，又说有点儿贵，不买。

小贩于是把价钱往下降了一些，他却仍然说贵。小贩和他磨了半天嘴皮子仍然无法动摇他的决心。这时，小贩卷起了地毯，拍拍他的肩膀说："大哥，是怕老婆吧！做不了老婆的主就明说嘛，我不会为难你的。"只见他的脸一下子全红了，眼睛瞪得溜圆："谁说的，我老婆在家得听我的，我让她往东，她不敢往西，我做不了她的主，反了她了。到底多少钱？我买了。"小贩一下子眉开眼笑："大哥，看你这么爽快，那就300元了，算便宜卖给你，以后咱俩做个朋友。"就这样，一笔交易完成了。后来，听说他买回去的那块地毯质量差得要命，他被老婆狠狠地骂了一顿，却一声都不敢回。这就是爱虚荣的结果，为了撑起一个在别人眼里的高大形象，只好自己吃亏受累。人其实没有必要活得那么累，每个人都有自己的人生路，假如人人都让这种虚荣心左右，那么还有什么个性可言，世界会少了多少色彩？如果为了满足自己的虚荣心去出卖自己的灵魂，岂不悲惨？

◇ 去除妄想，素位而行

安分守己的意思就是指规矩老实、守本分。而在这个日新月异、崇尚物质的时代，又有多少人是规矩老实、坚守本分的呢？越来越多的人不能素位而行、安分守己，他们心存妄想、不切实际，最终导致失败，结果只能是咎由自取。

孔子说："君子素其位而行，不愿乎其外。"意思是说，君子安于现在所处的地位去做应做的事，不生非分之想。

素位而行，近乎《大学》里面所说的"知其所止"，换句话说叫做安守本分，也就是人们常说的安分守己。这种安分守己是对现状的积极适应、处置，是扮演什么角色就做好什么事。凡事要量力而行，不可好高骛远，这山望着那山高，到最后捡了芝麻丢了西瓜，甚至连芝麻也丢了。

人能守本分，才能尽本事。就像小鸟飞翔在天空中，其嘹亮的歌声为大自然增添了无尽的生气，这就是它们的本分和本事。

作为人，本分是安分守己，本事是发挥能力为人民服务。但是很多人只是想展现自己的本事，希望得到更多人的羡慕和称赞，以满足自己的虚荣心，却不愿守住本分，最终导致人生走向脱序违规的境地。

一位年轻人靠卖鱼维持生计。有一天，他一面吆喝，一面环视四周，注意是否有人来买鱼。突然，一只老鹰从空中俯冲而下，从他的鱼摊叼了一条鱼后立刻转身飞向空中。卖鱼郎生气地大喊大叫，可是老鹰丝毫不把他放在眼里，最后他只能无奈地看着那只老鹰越飞越高、越飞越远。

卖鱼郎气愤地自言自语:"可惜我没有翅膀,不能飞上天空,否则一定不放过你!"那天他回家时,经过一座地藏庙,他就跪在地藏庙里祈求地藏王菩萨保佑他变成老鹰,能展翅于天空。从此以后,他每天经过地藏庙的时候,都会进去虔诚地祈祷。

一群年轻人看到他天天向菩萨祈求,就很好奇地议论起来,其中一人说:"这位卖鱼的人,每天都希望能变成一只老鹰,可以飞上天空。"另一个人说:"哎哟,他光傻傻地祈求,要求到何时?不如我们戏弄戏弄他!"大家交头接耳,如此这般,想出了一招妙计。

第二天,其中一位年轻人先躲在地藏菩萨像的后面。卖鱼郎如期而来,照样虔诚地祈求、礼拜。这时,躲在菩萨像后面的那位年轻人就说:"你求得这么虔诚,我要满足你的愿望。你可以到村内找一棵最高的树,然后爬到树上往下跳试试看。"

卖鱼郎一听菩萨显灵了,异常兴奋,忙点头称是,然后就非常欣喜地跑进村里找到一棵最高的树,按照地藏菩萨的指示爬到了树上。那棵树实在太高了,他越往上爬越觉得害怕,不过为了像老鹰一样在空中自由地飞翔,他仍旧坚持向上爬。

终于,他爬上了树顶,向下一看:"哇!这么高!我真的能飞吗?"那群年轻人站在大树底下故意七嘴八舌地说:"你们看,树上好像有一只大老鹰,不知道它会不会飞?""既然是老鹰,一定会飞了!"

卖鱼郎听了心里很高兴,他想:我果然已变成一只老鹰了!既然是老鹰,哪里有不会飞的呢?于是展开双手,摆出展翅欲飞的姿势,纵身一跃,跳了下来。可是,他没有像想象的那样飞向广阔的蓝天,而是飞快地向地面坠落……最后幸好落在水草之中,保住了一条性命。

那些年轻人跑过来,幸灾乐祸地取笑他,他说:"你们笑什么?我是两只翅膀跌断了,不是飞不起来啊。"那些年轻人指着他,一个个笑得前仰后合说不出话来。

由此可见，一个人要守本分，才能尽本事，若只想逞能显本事，却没有守好自己的本分，自不量力去做超越自己能力的事，结果就会像这位卖鱼郎一样自食其果。

所以，不要去妄想什么，只问自己该做什么吧，这就是素位而行、安分守己。

◆ 摒弃不切实际的幻想

我们树立抱负和理想既要基于现实，又要超越一般标准，太难和太容易实现的奋斗目标都不会激发人们去实施的热情。而对自身具有一定挑战性，同时又能使自己相信能够完成的目标就是最完美的理想。

一只有理想的蚂蚁可以把自己变成最优秀的蚂蚁；一头有理想的狮子把自己变成最优秀的狮子。而蚂蚁想变成狮子，则是白日做梦、痴心妄想了。

一旦一个人的理想和目标不切实际，那么即使再如何追求都是痴心妄想，最终是两手空空。

有一户人家，有两个女儿，大女儿冷静聪慧，小女儿活泼伶俐。这年夏天，父母带着两个女儿来到海边度假。

刚刚住下，小女儿便吵着要去海边玩，母亲便拉着两个女儿一同前往。小女儿飞快地跑向海边，伸开双臂，深吸了一口迎面吹来的海风，内心的激动已经压抑不住。她光着脚丫触触海水，挽起衣袖，垒起沙堡，不过她觉得这些都不好玩，她又开始捡拾贝壳。

母亲丝毫不敢懈怠，担心小女儿调皮，于是让大女儿陪着小女儿捡拾贝壳。

海边的贝壳琳琅满目，数不胜数。小女儿东挑挑，西看看，总是兴奋地拿起一个，然后丢掉手里原本的那个。这个嫌不够美，那个又嫌不够俏，各式各样、五彩缤纷的贝壳呈现在她的面前。

海潮又献上了一片贝壳，她瞟了一眼，又没什么中意的。她翻起潮湿的泥沙，寻找着地下所埋藏的"宝藏"。突然，一只小螃蟹从海滩的洞中爬了出来，不友好地对着她的手指头钳了一下，她大叫了一声，紧捂着受伤的手扑入母亲的怀中。

母亲牵着她，带着大女儿回到了住处。小女儿看着大姐满载而归的笑脸，再想想自己两手空空，看着隐约感到痛楚的伤口，心里十分难过，忍不住哭了起来。

小女儿的哭声惊动了母亲，母亲便进屋来安慰她。母亲轻抚着她的额头，轻声安慰道："是不是因为看见姐姐满载而归，自己却一无所获而感到伤心？"

小女儿揉着微肿的双眼，点了点头。母亲又说："知道为什么吗？"女儿又摇了摇头。

母亲语重心长地说："你太心浮气躁了。你们两人去沙滩捡贝壳，姐姐满载而归，而你却一无所获，因为姐姐不会像珠宝商鉴定珠宝那样用挑剔的眼光审视每个她所看见的贝壳。她看见美丽的、可爱的就会拾起来纳为己有。她不会只盯着一种或几种贝壳，各式各样的都会多多少少地捡一些回来。她的目标是实实在在的。而你两手空空，寻觅许久却一无所得，因为你总想找一个你心目中最美丽、最稀罕的贝壳，这种不切实际的幻想最后只能化为'孤独'、'茫然'。"一个人的目标并非是越远越好，人生的目标应当切合实际。追求如大海行船，受灯塔指引，就能顺利到达目的地，若是被海市蜃楼所迷惑，则会迷失航向、不知所终。所以，切莫好高骛远，应该珍惜我们周围的事物，从我们的身边开始追求成功的契机。

老子曰:"合抱之木,生于毫末;九层之台,起于累土;千里之行,始于足下。"一切远大的志向都是从基础开始的,一切目标都应是经过考虑、切合实际的。

◆ 不要活在别人的价值观里

一个人活在别人的价值观里就会变得虚荣,因为太在意别人的看法就会失去自我。其实每个人都应当为自己而活,追求自我价值的实现以及自我的珍惜。如果你追求的幸福是处处参照他人的模式,那么你的一生都会悲惨地活在他人的价值观里。

生活中的人常常很在意自己在别人的眼里究竟是一个什么样的形象,因此,为了给他人留下一个比较好的印象,许多人总是事事都要争取做得最好,时时都要显得比别人高明。在这种心理的驱使下,人们往往把自己推上一个永不停歇的、痛苦的人生轨道上。那么,人应该永远活在别人的价值观里吗?

有一天下午,苏菲正在弹钢琴时,7岁的儿子走了进来。他听了一会儿说:"妈妈,你弹得不怎么高明吧?"

不错,是不怎么高明。任何认真学琴的人听到她的演奏都会退避三舍,不过苏菲并不在乎。多年来,苏菲一直这样不高明地弹,弹得很高兴。

苏菲也喜欢不高明的歌唱和不高明的绘画。从前,她还自得其乐于不高明的缝纫,后来做久了终于做得不错。苏菲在这些方面的能力不强,但她不以为耻,因为她不愿意活在别人的价值观里,她认为自己有

一两样东西做得不错。

"啊，你开始织毛衣了。"一位朋友对苏菲说，"让我来教你用卷线织法和立体织法来织一件别致的开襟毛衣，织出 12 只小鹿在襟前跳跃的图案。我给女儿织过一件这样的，毛线是我自己染的。"苏菲心想，我为什么要找这么多麻烦？做这件事只不过是为了使自己感到快乐，并不是要给别人看以取悦别人。直到那时，苏菲看着自己正在编织的黄色围巾每星期加长 5 至 6 厘米时，仍然自得其乐。

从苏菲的经历中不难看出，她生活得很幸福，而这种幸福的获得正在于她做到了不是为了向他人证明自己是优秀的而有意识地去获取别人的认可。改变自己一向坚持的立场去追求别人的认可并不能获得真正的幸福，这样一条简单的道理并非人人都能在内心接受它，并按照这条道理去生活，因为他们总是认为，那种成功者所享受到的幸福就在于他们得到了这个世界大多数人的认可。

其实，获得幸福的最有效的方式就是不为别人而活，不让别人的价值观影响自己，就是避免去追逐它，就是不向每个人去要求它。通过和你自己紧紧相连，通过把你积极的自我形象当做你的顾问，你就能得到更多人的认可。

◆ 承认自己的价值

很多人不愿承认自身的真正价值，是很多精神和心理问题的潜在原因。一位教育家曾经说过："没有比那些不肯承认自己的人更痛苦的了。"

常听人说："我太平庸了！"不知道他是拿什么和自己相比较？和

科学家比，他的知识不渊博吗？和企业家比，他的资产不多吗？和商人比头脑不够用吗？和某个男士比不够英俊潇洒吗？和哪个女士比不够美丽可爱吗？一个人想要集他人所有的优点于一身是很荒谬的。

　　一天深夜，一位心理学家的电话铃突然响起，心理学家拿起电话，电话那边传来一位男士的声音，那声音气喘吁吁，急不可待："老师，您一定要告诉我应该怎么办……"原来，这位男士和心理学家住在同一幢楼。当晚，他发现儿子仿照他的笔迹在试卷上签名，因为那张试卷的分数不及格。他怒不可遏，拿起碗就朝儿子摔去，妻子本来也生儿子的气，见他失常打儿子，便同他争吵起来，儿子负气，在深夜离家出走了。他担心儿子出事，更担心15年的婚姻出现裂痕，惶惑极了。

　　"我打儿子我也心疼啊！这么晚了我也担心他，可是'严是爱，松是害'啊！我这辈子就是太平庸，太没有出息了，在人前老抬不起头。不能让儿子以后也走上我这条路，那时后悔就晚了啊！"这位父亲在电话那头唉声叹气，原来症结在这儿。这位父亲的经历和大部分同龄人相似，他与爱人都没有上过名牌大学，从事的职业也不热门。由于他属于老实巴交、沉默寡言、小心谨慎的那种人，同时也没有什么突出的才能与技术，公司减员时，因他多年勤勤恳恳地工作、小心翼翼地做人，出于照顾才没有让他下岗，这点照顾，他不知道应该高兴还是应该羞愧。他也有过"下海"的念头，可考虑到他自己不善交际、缺乏手腕，便放弃了这个想法。当他看着以前的同事、朋友，升官的升官，赚钱的赚钱，买楼买车，他为自己不能送儿子去贵族学校念书而羞愧，也为不能带爱人出入各类高档的商场而有愧于心，他的这种心理状态随着年龄的增长而日益增强。

　　所以，他将自己想获得高学历、高职位、出人头地的人生理想全都倾注到了儿子身上，他无论如何也不能接受儿子将来也成为一个"平庸的人"。"做个平庸的人很痛苦吗？"心理学家问道。"那当然，像我这

样窝窝囊囊地过一辈子，跟没过一样！"心理学爱没有再说什么，只提出一个要求，让他好好想想，把他认为对自己满意的一些小事写出来，明日带来给他看，然后便挂断了电话。

第二天晚上，他按约定的时间来了，从上衣口袋里掏出折得整整齐齐的几页纸，递到心理学家手里，只见上面写道：我庆幸我做过这些事情：

在家里经济最紧张的几年里，我早出晚归、不辞劳苦地工作，将细粮换成粗粮，省下钱和粮票，帮助父母将两个弟弟和一个妹妹拉扯大，让他们有机会读书，现在他们都有了好的归宿。

我在农村做了两年民办代课教师，直到今天，那些我曾经教过的学生现在都已经儿女成行了，他们从乡村进城来，碰到我时仍会叫我一声"老师"，有些学生现在过年过节还来看我。

我娶了一个温柔贤惠的妻子，她跟我同甘共苦将近20年，对我的平庸毫无怨言。

我的儿子很懂事，从不向我们要这要那，其实他学习也一直很努力。

公司让我保管仓库钥匙，我从来没有出过差错，保管的货物我心中都有一本明账，随要随取，从未让人久等。

我有几个知心朋友，彼此从不互相瞧不起，他们常来家里坐。

我的父母身体仍然健康，他们一直都很爱我。

……

所有的内容都是毫无体系可言，可见，他是有所感而写的，都是些琐碎的事。

心理学家问他目前心情是否有些变化，他回答说似乎好一些，写着写着，觉得有些道理了，似乎看到了这些小事的另一面。心理学家笑着回答说："答案已经由你自己找到了。"

心理学家告诉他最近有家信息公司做过一项社会调查，发现85%的女性已倾向于接受平凡而实在的丈夫，想找个万人迷式的或身怀绝技的丈夫简直寥寥无几。这个调查是由一篇笑话引出来的，因为有不少女性在网上发表文章，认为猪八戒比孙悟空更适合做老公，这反映了姑娘们眼光的一种变化，一种从绚丽归于平凡的现实需求。现代社会早过了骑士年代，人们更渴望一种自然人性的回归。像这位自愧平庸的父亲，多年来他忽略了自身价值对许多人来讲是多么不可或缺的啊。他曾经教书育人，俗话说，十年树木，百年树人，他的功劳不可忽视，他的学生感激他；他曾经帮助家庭渡过难关、扶助弟妹成长，他的父母与弟妹爱他会比爱一个有钱而没人情味儿的人多上几百倍；他一直以来忠诚、真挚地对待妻儿，难道这不是他能给予他们最好的礼物吗？

　　心理学家劝他将人生价值的目标从高不可攀的尺度上降到一个更合乎自身实际的位置，尤其是对儿子的期望不必定得那么高，人世间哪能有不许回落、不许起伏、只能成功不能失败的道理呢？何况考试成绩有太多的主观因素，最好给孩子更多的鼓励。要想让他成为家长希望的人，就照所希望的样子去表扬他，这一点每个人都不应该忘记。希望自己更有钱，渴望得到更高层次人的尊敬，想把生活品质提高到更高一个档次并没有错。如果物质上达到小康，精神上健康快乐，即使算不上"成功人士"，当不成"资本家"，即便做社会上平凡的一分子，又有什么可以痛苦的呢？他上班恪尽职守，下班后有一个温馨的小家，钱不多而够用，社会知名度为零却有爱自己的亲人和可以谈心的几个好友，也是一种幸福呀。所以，不必为不能送儿子进贵族学校、不能送妻子珍珠翡翠而愧疚，因为生活不仅仅由这些组成。儿子一次优异的成绩、妻子一个舒心的微笑、朋友一次意外的拜访，这些不都是幸福的时刻吗？

　　人生是多种多样的，不能只用"伟大"和"平庸"两个词来形容。在专业化日益提倡的今天，人们的分工越来越细，人们的才能的分化也

越来越明显，在某一领域的专家在许多其他领域往往是一窍不通。所以，平凡人士并不是在生活空间的每一部分都显得平淡无华。正因如此，没有发现自己潜能的平凡人士只要发现自己平凡的潜能就能生活得很快乐，甚至比没有好心态的所谓的成功人士更快乐。

◆ 幸福源于真实

爱，不应以车、房等物质为衡量标准；在相爱的人眼中，不应有年老色衰、相貌美丑之分。爱是文君结庐当垆的执著与洒脱，爱是孟光举案齐眉的尊重与和谐，爱是口食清粥却能品出甘味的享受与恬然，爱是"执子之手，与子携老"的生死契阔。在懂爱的人心中，爱俨然可以超越一切的世俗纷扰。

当一生的浮华都化作云烟，一世的恩怨都随风飘散，若能依旧两手相牵，又何惧姿容褪尽、鬓染白霜。

爱是什么？它就是平凡的生活中不时溢出的那一缕缕幽香。

某一年的情人节，公司的门突然被推开，紧接着两个女孩抬着满满一篮红玫瑰走了进来。

"请茹茹小姐签收一下。"其中一个女孩礼貌地说道。

办公室的同僚们都看傻眼了，那可是满满一篮红玫瑰，这位仁兄还真舍得花钱。正在大家发怔之际，茹茹打开了花篮上的录音贺卡："茹茹，愿我们的爱情如玫瑰一般绚丽夺目、地久天长——深爱你的君。"

"哇噻！太幸福了！"办公室开始嘈杂起来，年轻的女孩子都围着茹茹调侃，眼中露出难以掩饰的羡慕光芒。

年过三十的女主管茹茹看着这群丫头微笑着，眼前的景象不禁让她

想起了自己的恋爱时光。

老公为人有些木讷，似乎并不懂得浪漫为何物，她和他恋爱的第一个情人节，别说满满一篮红玫瑰，他甚至连一枝都没有买。更可气的是，他竟然送了她一把花伞，要知道"伞"代表着"散"的意思。她生气了，索性不理他，他却很认真地表白："我之所以送你花伞，是希望自己能像这把伞一样为你遮挡一辈子的风雨！"她哭了，不是因为生气，而是因为感动。

诚然，若以价钱而论，一把花伞远不及一篮红玫瑰养眼，但在懂爱的人心中，它们拥有同样的内涵，它们同样是那般浪漫。

然而，爱的故事又何止千万？其中不乏欣喜、不乏悲戚；不乏圆满、不乏遗憾。那么，看过下面这个故事，不知大家从中能够领会到什么。

雍容华贵、仪态万千的公主爱上了一个小伙。很快，他们踩着玫瑰花铺就的红地毯步入了婚姻殿堂。

随着岁月的流逝，女王渐渐感到自己衰老了，花容月貌慢慢褪却，不得不靠一层又一层的化妆品换回昔日的风采。"不，女王的尊严和威仪决不能因为相貌的委靡而减损丝毫！"女王在心中给自己下达了圣旨，同时她也对所有的臣民，包括自己的丈夫下达了近乎苛刻的规定：不准在女王没化妆的时候偷看女王的容颜。

那是一个非常迷人的清晨，和风怡荡，花红柳绿，女王的丈夫早早地起床，在皇家园林中散步。忽然，随着几声悦耳的啁啾鸟鸣，女王的丈夫发现树端一窝有小鸟出世了。多么可爱的小鸟啊！他再也抑制不住内心的喜悦，飞跑进宫，一下子推开了女王的房门。女王刚刚起床，还没来得及洗漱，她猛然一惊，仓促间回过一张毫无粉饰的白脸。

结局不言而喻，即使是万众敬仰的女王的丈夫犯下了禁律，也必须与庶民同罪——偷看女王的真颜只有死路一条。

女王的心中充满了悲哀，她不忍心丈夫因为一时的鲁莽和疏忽而惨

遭杀害，但她又决不能容忍世界上任何一个人知道她不可告人的秘密。斩首的那一天，女王泪水涟涟地去探望丈夫，这些天以来，女王一直渴望知道一件事，错过今日就永远揭不开谜底了。终于，女王问道："没有化妆的我，一定又老又丑吧？"

女王的丈夫深情地望着她说："相爱这么多年，我一直企盼着你能够洗却铅华，甚至摘下皇冠，让我们的灵魂赤诚相容。现在，我终于看到了一个真实的妻子，终于可以一个丈夫的胸怀爱她的一切美好和一切缺欠。在我的心中，我的妻子永远是美丽的，我是一个多么幸福的丈夫啊！"

故事的结局如何显然已不重要，它让我们知道，真正的爱情可以穿越外表的浮华，直达心灵深处。然而，喜爱猜忌的人们却在人与人之间设立了太多的屏障，乃至于亲人、爱人之间也不能以坦然相对。除去外表的浮华，卸去心灵的伪装，才可以实现真正的人与人的融合。

◆ 依本性去做，自是无错

人之本性，就是最简单、最直率、最自然、最纯净的想法与需求。不拘于形式，率直地依照本性去做，自然就会无错。

禅宗认为，人们先天就具有一种觉悟的本性，而这种觉悟的本性本来就是洁净无瑕、没有蒙受世俗间的尘埃污染的；又言"但用此心，直了成佛"。其实，人们的一切行为都来源于这种本性，一旦依照这种本性处世，得到的结果往往就是成功。

达摩祖师曾经作过一偈，名为《一花开五叶》，说的就是一种追求本性，结果自然成的境界。

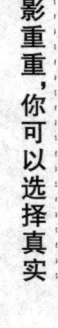

吾本来兹土，传法救迷情。
一花开五叶，结果自然成。

许多事因为人们刻意地介入而变糟，强调的人恰恰与事物的本质相抵触，违背了事物本身的客观发展规律。在万物面前，人们应该保持尊重、虔诚的态度，不要硬性地打上个人的烙印。不必要的机巧和智慧退后了，这样更有利于事物的发展，减少人生的磨难。

东汉时期，新蔡县是一个很穷的地方，每年的朝贡根本交不上来，因此朝廷撤掉了许多县令。

当吴祐任新蔡县县令时，有人曾给他出了很多治理百姓的点子，吴祐却无一采纳，他说："现在不是措施不够，而是措施太多了。每一任县令都想有所作为，随意改动新蔡县的制度、法令，将自己的想法强加到百姓身上，百姓都被弄得无所适从了。"

吴祐上台之后不但没有提出新的主张，而且还废除了许多不合理的规章，他召集百姓说："我这个人没有什么本事，凡事要依靠你们自己的努力，只要有利于发展生产的，你们尽可按照自己的方法去做，我不但不干涉，还会想方设法地帮助你们。"

吴祐不干涉百姓的生产生活，又严令下属不许骚扰百姓。闲暇的时候，他整日在县衙中看书写字，十分轻闲。

有人将吴祐的作为报告给了知府，说他不务公事、偷懒放纵。知府于是把他召来，当面责怪他："听说你无所事事，日子过得分外自在，难道这是你应该做的吗？"

吴祐回答说："新蔡县贫穷困顿，只因从前的县令约束太多，才造成今天的这种局面。官府重在引导百姓，取得他们的信任，没有必要事事躬亲，把一切权力都抓到自己手里。我这样做是要调动他们的积极性，让百姓休养生息，进而达到求治的目的。我想不出一年，你就可以看到效果了。"

一年之后，新蔡县果然面貌一新，粮食有了大幅增长，社会治安也明显好转。知府到新蔡县巡视一遍后对吴祐说："古人说无为而治，今日我是亲眼见到了。从前我错怪了你，现在想来实在惭愧。"

所谓的治理，并不在治而在于理，如何将人们固有的那种本性理顺、理通，能够达到一种结果自然成的状态，自然就会不治而治了。

有一个县太爷，为了教化民心，计划重新修建县城当中两座毗邻的寺庙。公示一经张贴，前来竞标的队伍十分踊跃。经过层层筛选，最后两组人马中选：一组为工匠，另外一组则为和尚。

县太爷说："你们各自整修一座庙宇，所需的器材工具，官家全数供应。工程必须在最短的时日完成，整修成绩要加以评比，最后得胜者将给以重赏。"

此时的工匠团队迫不及待地请领了大批的工具以及五颜六色的油漆、彩笔，经过全体员工不眠不休地整修与粉刷之后，整座庙宇顿时恢复了雕梁画栋、金碧辉煌的面貌。

另一方面，却见和尚们只请领了水桶、抹布与肥皂，他们只不过是把原有的庙宇玻璃擦拭明亮而已。

工程结束时，已到了日落时分，正是评比揭晓的关键时刻。这时，天空中所照射下来的落日余晖恰好把工匠寺庙上的五颜六色辉映在和尚的庙上。

霎时，和尚所整修的庙宇呈现出柔和而不刺眼、宁静而不嘈杂、含蓄而不外显、自然而不做作的高贵气质来，与工匠所整修的眼花缭乱的颜色形成非常强烈的对比。

事实上，庙的功能为一个心灵的故乡，是一个净化心灵的场所，太过于华丽铺陈，反而会失去其真正的功能。依照庙本身的样子建造出来的庙宇才能称为庙宇，倘若用华丽的砖瓦来建造庙宇，那就变成了皇宫而非庙宇了，做人处世也本该如此。